U0174860

拉蒂迈鱼复原图

（俞涵昕 绘）

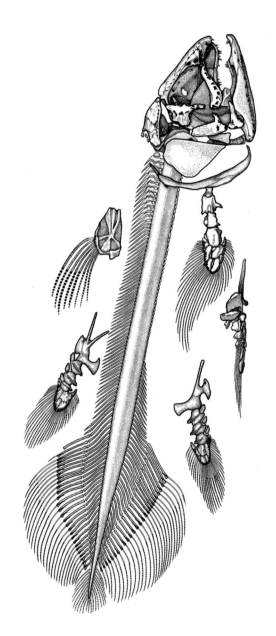

拉蒂迈鱼骨骼复原图

（俞涵昕 绘）

译者卢静在澳大利亚的野外工作现场

（卢静 供图）

中国科学院古脊椎所早期脊椎动物课题组在云南曲靖的野外工作现场

（卢静 供图）

自 然 文 库
Nature
Series

A FISH CAUGHT IN TIME

THE SEARCH FOR THE COELACANTH

寻找我们的鱼类祖先

四亿年前的演化之谜

〔英〕萨曼莎·温伯格 著

卢静 译

商务印书馆
The Commercial Press
创于1897

献给马克·弗莱彻

A FISH CAUGHT IN TIME:
THE SEARCH FOR THE COELACANTH

by
SAMANTHA WEINBERG

Copyright ©1999 BY SAMANTHA WEINBERG

目 录

译者序

　　2003 年春天，刚踏进古脊椎所大门的我，对古鱼类研究还几乎一无所知。也许是看出了我的迷茫，我的导师朱敏扔给我一本书，就是这本书的英文原著 *A Fish Caught in Time*。我认认真真，也津津有味地读完了这本书，一下子打开了新世界的大门，这本书详细记述了拉蒂迈鱼的发现、寻找和研究。这是 20 世纪最重要的科学事件之一。这是一个有关学者的执念和大众的狂热与迷思的故事，是追求真理的一些人的雄心壮举与天气、海难、战争和国家之间敌意斗争的故事，这一切都是真实发生过的历史，而且和我的毕生工作——肉鳍鱼类研究密切相关。

　　从此以后，我就变成了拉蒂迈鱼的忠实"粉丝"。我痴迷于在各个平台搜寻拉蒂迈鱼的纪念品，也曾经无数次想象，来到东伦敦，跟第一条拉蒂迈鱼面对面。它从查郎那河的入海口被拖到东伦敦博物馆，尽管眼睛已经浑浊，鳞片已经褪色，但好像仍然可以与你对话，带你穿越回四亿年前的时空。

　　我们已经知道，人和四足动物，包括青蛙、蜥蜴、恐龙、马、猴子，都是从登陆的鱼类演化而来的。哪类鱼呢？就是肉鳍鱼类。它们有肌肉发达、覆盖鳞片的鳍，鳍里面有类似我们四肢的骨骼。

除了它们的四足动物后代，几乎所有肉鳍鱼类都已经消失在时间的长河中，只剩下孑遗的肺鱼和拉蒂迈鱼。难得的是，拉蒂迈鱼比肺鱼保存了更多肉鳍鱼类的原始特征，与它的化石祖先和近亲（统称为空棘鱼类，以粗而中空的背鳍鳍条得名）几乎长得一模一样。它毫不避讳地向人们展示，它与我们曾经的鱼类祖先长得何其相似。

研究所楼下的古动物馆是我读研究生时最爱待的地方。馆里有时游客很少，我会花上相当长的时间，盯着玻璃柜里的那条拉蒂迈鱼标本，在昏暗的灯光下，看着它蒙白的眼睛，想象它也在看着我，数着它的鳞片，仿佛进入了时间的旋涡，遨游数亿年的演化历史。Millot 的大部头《拉蒂迈鱼解剖》，被我翻得变旧了不少。

2012 年，我终于来到太平洋彼岸的加州大学圣迭戈分校，拜访了格伦·诺思科特（Glenn Northcutt）教授，他多年来致力于研究脊椎动物脑的演化。当时，他指着墙角一个不起眼的塑料桶对我说，喏，里面就是拉蒂迈鱼的头。打开塑料桶的一瞬间，浓烈的福尔马林味道直扑脑门，我欣喜若狂地从桶里捧起已经被切成两半的鱼头，这就是它被泡得发白的脊索，它的大鳃盖……我摸到了真正的拉蒂迈鱼！

差不多在同一时间，我有幸参与了对最古老的空棘鱼——云南孔骨鱼的研究，它的整个头只有两厘米长，但是已经有了空棘鱼典型的感觉管开孔。我清楚地记得，那个夜晚，在实验室显微照相机器下，当我把一滴清水滴在化石上，孔骨鱼头骨上所有的结构就在那一瞬间清晰显现出来，那一刻，时间戛然而止。四亿年前最早的空棘鱼化石，和四亿年后的拉蒂迈鱼一模一样！

接下来的几年，我花了很多时间研究一类叫作爪齿鱼（onychodonts）的肉鳍鱼类，这是一群非常凶猛的掠食鱼类，它们的全部演化历史都局限在泥盆纪的六千万年中，目前已知仅有六个属，其中大部分都只有零散的化石。我们在云南昭通找到了一种爪齿鱼的化石，包括下颌、齿旋、头盖骨和包绕着脑的脑颅。我对它进行 CT 扫描，重建了脑腔、脑神经和内耳的形态。结果显示，爪齿鱼的脑颅和空棘鱼类非常相似，它们可能有着很近的亲缘关系。目前我和同事一起，正向解开整个空棘鱼类的起源之谜发起冲击。

因此，商务印书馆的编辑余节弘老师邀请我翻译此书时，我几乎想也没想就答应下来。作为一名古生物学家，我们的目标就是发现演化史上的"缺失环节"：我们发现过原始的有颌鱼类，发现过介于四足动物和鱼之间的希望螈，发现过带羽毛的恐龙和原始的人类化石。可是，我们也许不会再有这样的机会，像发现拉蒂迈鱼一样，发现一种与数亿年前的化石几乎一模一样的、活生生的真实生物。"拉蒂迈鱼"是一个铭刻在我心上的名字，我希望这个名字可以走进更多人心里。

卢静

2023 年 4 月

想想空棘鱼吧，

我们宝贝的活化石啊，

像最牢固的染料一样消失不掉。

他是高鱼一等的势利精英，

他认为社会既成现状都得服从，

他嘲笑着还没变成化石的广大鱼众，

啊，老空棘鱼啊，还是那副脸面，没有也不需要改变，

连已经被时代抛弃也没有发现。

——奥格登·纳什（Ogden Nash）

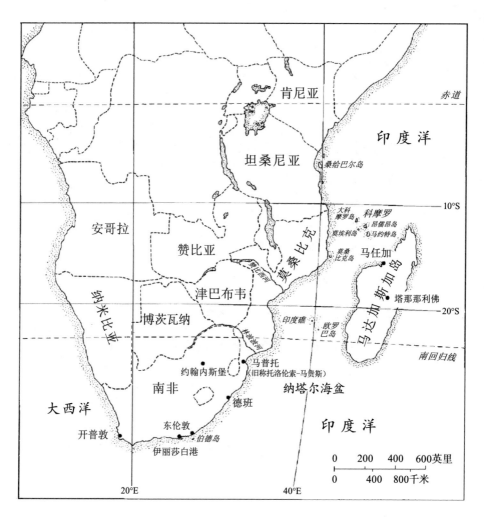

赤道

印度洋

肯尼亚

坦桑尼亚

桑给巴尔岛

10°S

安哥拉

赞比亚

大科摩罗岛　科摩罗

昂儒昂岛

莫埃利岛　马约特岛

莫桑比克岛

马任加

纳米比亚

莫桑比克

津巴布韦

塔那那利佛

博茨瓦纳

20°S

印度礁

欧罗巴岛

南回归线

马普托
(旧称托洛伦索-马贵斯)

约翰内斯堡

南非

德班

纳塔尔海盆

大西洋

东伦敦

伯德岛

开普敦

伊丽莎白港

印度洋

马达加斯加岛

| 0 | 200 | 400 | 600英里 |
| 0 | 400 | 800千米 |

20°E

40°E

非洲南部地图

（薇拉·布赖斯绘）

第一章 拉蒂迈鱼

东伦敦的 12 月炎热潮湿。赭黄色的薄雾令这座南非小城透不过气，即使是来自海洋的微风也难以驱散这股季节性的昏昏欲睡。这是 1938 年，《乱世佳人》即将在美国上映，希特勒的势力已经威胁到了欧洲中部。但在非洲大陆的最南端，圣诞节的前三天，大部分人心里挂记的是即将来临的假期。办公场所开始陆续关闭，人们纷纷回家为节日做最后的准备。

在东伦敦博物馆，年轻的博物馆员玛乔丽·考特尼－拉蒂迈（Marjorie Courtenay-Latimer）却没空关心即将到来的节日。她个子不高，有着一头凌乱的深色头发和一双灵动的黑眼睛，此刻她正被一堆骨头包围着。她在赶着装架和朋友在塔卡斯塔德（Tarkastad）挖出的珍稀恐龙化石标本。

上午 10 点 15 分，一阵刺耳的电话铃声在这个只有两间办公室的小博物馆里响起，分散了这位年轻女士的注意力。电话是两天前刚装上的。打电话的是欧文－约翰逊拖网渔船公司（Irvin & Johnson）经理杰克逊（Jackson），他告诉拉蒂迈，亨德里克·古森船长（Captain Hendrik Goosen）到码头了。"'尼林号'（Nerine）

上有一条一吨半重的鲨鱼，有兴趣吗？"拉蒂迈很想说不。她急于在博物馆放假前完成恐龙化石标本的装架，况且古森船长上一次航行带回来的鱼类标本还没来得及处理。"但当我想到欧文－约翰逊公司的每个人都对我那么好，而且圣诞节又快到了，我至少应该到码头去跟他们说声节日愉快。"于是她抓起一个灰色的麻袋，叫上当地的助手伊诺克（Enoch），搭了辆出租车来到码头。

"我走进去，看见了杰克逊先生，"60 年后她回忆道，"当我准备出去装鱼的时候，他说：'其实这次并没有一吨半重的鲨鱼——祝你圣诞快乐！'他们总是喜欢跟我开玩笑。"她提起棉质的连衣裙，爬上了 115 英尺（35.1 米）高的"尼林号"。船员们都上岸了，只留下一个苏格兰老人，他告诉拉蒂迈小姐打回来的鱼都堆在甲板上。拉蒂迈检查着打上来的东西：鲨鱼、海草、海星、海绵、鼠尾鳕……各种各样的都有。但这些标本她都不需要。尽管如此，她还是仔细地把它们分门别类放好。就在这时，她注意到有一片蓝色的鳍从鱼堆中伸出来。

"我把它身上的黏液拨掉，这是我见过的最漂亮的鱼，"她继续说道，"这条鱼有 5 英尺（1.5 米）长，浅紫蓝色，上面带着些淡淡的白点，浑身闪耀着蓝绿色的光泽。它身上覆盖着坚硬的鳞片，有四条胳膊般的鱼鳍和一条小狗一样的奇怪尾巴。它是如此美丽，美得像是一件巨大的陶瓷装饰品——但我不知道它是什么鱼。"

"是的，小姐，它是个奇怪的东西，"苏格兰老人说，"我出海捕鱼已经 30 多年了，但从没见过长这样的鱼。船长去看拖网里的这条鱼的时候，还被它狠狠咬了一口。我们觉得你可能会对它感兴

　　　　　寻找我们的鱼类祖先：四亿年前的演化之谜

趣。"他告诉拉蒂迈，这条鱼是在查郎那河（Chalumna River）河口水深差不多40英寻（73.2米）的地方捕到的，古森船长第一眼看到它时觉得它太美了，差点把它放走。拉蒂迈对老人保证，她一定会把这条鱼带回博物馆。

她和伊诺克把这条足有127磅（57.6千克）的大鱼塞进了麻袋，扛着它上了出租车。出租车司机吓坏了，他喊道："我拒绝把任何臭鱼放进我的新车里！"拉蒂迈回答说："它一点都不臭，还新鲜着呢。我花钱雇你来这儿就是为博物馆收鱼的，如果你不愿意的话，我就再叫一辆出租车。"司机终于做出让步，于是他们小心翼翼地把鱼抬进出租车的后备箱。

"我很困惑，"她说，"我非常确定自己以前从未见过这样的鱼，但脑海里却有个声音在不断萦绕。我总是回想起在我读书时抄写过的有关硬鳞鱼的一句话。我的老师，卡米拉修女（Sister Camila），她的父亲是瑞典乌普萨拉大学（Uppsala University）的古生物学家，他常常对女儿说起在海里生活的古生物，所以卡米拉修女也教给我们很多有关鱼类的知识。有一天上课的时候，我走神了，她就走到我面前，问我：'小拉蒂迈呀——什么是化石鱼？'小拉蒂迈当然回答不出，因为她根本没在听。'小拉蒂迈啊，那你回家把这句话写25遍吧：硬鳞鱼是化石鱼。'于是我真的把那句话抄写了25遍，到现在我还留着那个本子。所以，当我回到博物馆，观察这条鱼身上奇怪的鳞片时，从鳞片上看它确实是一种硬鳞鱼，但'硬鳞鱼是化石鱼'这句话同时又在我的脑海里不断响起。换句话说，硬鳞鱼是一类早已灭绝、只能在化石记录里找到的鱼。可面前这条鱼不可能是化石鱼，因为它不久前还是活的。这让我感到难以置信，但我相信它价值非凡。"

拉蒂迈翻遍了 K. H. 巴纳德（K. H. Barnard）所著的《南非海洋鱼类专著》（*A Monograph on the Marine Fishes of South Africa*）和其他所有她能找到的有关鱼类的书籍，但没有找到任何与摆在博物馆桌子上那个奇怪而美丽的生物相似的鱼。这条鱼具有独特而原始的身体构造，有着奇怪的头部骨片和鱼鳍。她注意到它的嘴巴、鼻子和身体并没有流出很多血液，这很不寻常。她完成了基本的测量工作，画了幅简单的草图。中午，博物馆馆长布鲁斯-贝斯博士（Dr. Bruce-Bays，以下称贝斯博士）顺道来访，拉蒂迈向他展示了这项令人兴奋的新发现。"他是一名医学博士，也是一个非常爱挖苦人的绅士。他以前总叫我玛奇夫人（Mistress Madge）。'玛奇夫人，这只不过是一条石斑鱼，'他说，'你这么小题大做，其实不过是条石斑鱼罢了。别再言过其实啦！'"

很多人在这时可能已经放弃，会直接把这条身份不明的鱼扔进圣诞节前的垃圾堆。但拉蒂迈相信它是特别的，决心保存这条鱼，同时希望能找到人把它鉴定出来。她让伊诺克找来一辆小手推车，这辆手推车属于博物馆一位理事，每当他们需要运送重家伙时就会借来用用。他们把鱼拖到推车上，打算把这件特殊的货物运到镇上去。

"我的第一个想法是把它送到太平间。当时，太平间就在公园里，"拉蒂迈回忆道，"于是我们俩一路走到公园。天气很热，每个人都很生气，因为他们必须给我们让路。他们大声喊着，为什么

　　　　寻找我们的鱼类祖先：四亿年前的演化之谜

你们不能到马路上走。总之，我们到了医院，去见了太平间的负责人，一个叫埃文斯（Evans）的高个子男人。当我们提出想要把这条鱼放进太平间时，他顿时挺直了6英尺（1.8 米）高的身子，瞪着眼睛喝道：'无理的要求！你觉得大家会怎么说？'我答道：'啊，这里的人早已安息了，您就看在它是一条非常漂亮的鱼的分儿上，答应我吧！''不可能！'他断然拒绝。既然如此，我只好另想办法。"

她又试着联系冻品仓库。"那儿有一位也叫拉蒂迈的先生，但他和我没有血缘关系。他礼貌地过来看了看鱼，不过他也说不行，他不会把任何臭鱼放进冷库。我能理解他，因为它可能会有气味，而且冷库里还有食物。那就算了。"

当时，这是仅有的两个有冷藏条件并且能放下这条 5 英尺长、127 磅重的鱼的地方。拉蒂迈开始感到沮丧，但她知道她必须想办法来挽救它。"我想到了罗伯特·森特（Robert Center）老先生，他是一名标本制作师。当我还是个小女孩的时候，我们就认识了，他教过我如何制作剥制标本，我相信他一定会帮我的。现在，我比以往任何时候都更确定，我手里是一个非常奇特的东西：那些鳞片和像四肢一样的鱼鳍，全都闪耀着光芒。它真的太美了。"

他们来到森特先生家，拉蒂迈向他展示了她的鱼，并解释了她在试图保存它时遇到的困难。她问他是否见过这样的鱼，是否知道这是一条什么样的鱼。森特先生看了看，这时已经是下午了，鱼的颜色渐渐变成了黯淡的灰色。他承认，他从来没有见过这样的鱼，他根本不知道这是什么生物。"如果我们能弄到一些福尔马林，我们就能把它浸制起来，还能请罗得斯大学（Rhodes University）的专家来鉴定它。"他建议道。拉蒂迈同意了。"我请他立刻动手，我也立即去和史密斯博士（Dr. Smith）联系。"

她去了一个化学家朋友家里，找了些福尔马林来保存这条鱼。当时这种药品稀缺，只有少数化学家会为医院供应一些，所以她只能弄到一丁点——大约 1 升——然后回到森特家。"我们稀释了这些溶液，找来一些报纸浸泡在液体里，然后非常小心地用报纸把鱼裹了起来。我们还需要一张旧床单。我们问了森特夫人，但她说家里没有不用的床单，所以我一路走回家——当时没有公共汽车——我向母亲解释了整件事，我需要用布把鱼包起来，这样在我和史密斯博士取得联系之前，鱼就不会坏掉。她给了我一条双人床单。我们用它把鱼包得很漂亮，被福尔马林浸泡过的《每日快报》（*Daily Dispatch*）[1] 也都包在里面。"

史密斯博士的全名是詹姆斯·伦纳德·布赖尔利·史密斯（James Leonard Brierley Smith），是南非格雷厄姆斯敦（Grahamstown）罗得斯大学的化学讲师，也是一名业余鱼类学家，还是东伦敦南海岸这座小博物馆的荣誉鱼类研究员。拉蒂迈第一次见到他是在五年前的海边，当时她正忙着为博物馆收集贝壳和罕见的海藻。史密斯博士是个精力充沛的人，眼睛蓝得惊人，有着一头浓密的浅褐色头发。那天他穿着宽松肥大的短裤，走过来问

---

1 《每日快报》创刊于 1872 年，最初名称是《东伦敦日报》（*East London Dispatch*），是东伦敦最畅销的日报。——若无特殊说明，本书脚注均为译者注

她在干什么，她解释说她在为东伦敦博物馆工作，两人的友谊就此展开。史密斯经常到博物馆去拜访拉蒂迈，并帮她鉴定不常见的鱼类。然而，当拉蒂迈在1938年12月22日给他打电话时，他不在大学里。她给他留了言，但到第二天他还没有回复，于是她写信给史密斯，并附上了那条鱼的草图。

每一天，她都在等待他的回应。"没有消息，什么消息都没有。"她回忆道。圣诞节在充满鱼腥味的朦胧里过去。"我开始感到沮丧。我满脑子都是这条鱼。我的家人不明白这是怎么回事，但我从骨子里知道，这条鱼非常重要。"过了节礼日（Boxing Day）[1]，还是没有消息。"我每天都查看信件，等着电话响起，但一直没有收到史密斯的任何回复。"

那周天气酷热难耐，每天下午拉蒂迈都会去森特先生那里查看鱼的情况，尽管鱼看起来完好无损，但到了27号，它身上开始渗油了。森特说，他担心油脂的流失会导致鱼体损坏。拉蒂迈不想冒这个险，所以决定让他去掉鱼皮，但她要求他从鱼腹正下方切开鱼体，而不是像通常制作标本时那样从侧面切开，因为这样可以保存所有的鱼鳞。这是一项艰巨而又缓慢的工作。森特小心翼翼地从鳞片的缝隙中把鱼切开。露出的鱼肉是纯白色的，可以像黏土一样揉捏，看不出纤维的质感，这不像他们从前见过的任何鱼肉。这条鱼没有肋骨，本该生长脊椎的地方也只有一根柔软的管子。森特将管子切开，里面流出浅黄色的油。拉蒂迈装了一整瓶油留给史密

1　节礼日是英联邦部分地区的节日，时间为每年12月26日。

EAST LONDON MUSEUM

ALL SPECIMENS AND EXHIBITS FOR
THE MUSEUM TRAVEL FREE BY POST
OR RAIL IF ADDRESSED:
O.H.M.S.
CURATOR, MUSEUM, EAST LONDON.
PHONE 2995.

East London
SOUTH AFRICA.
23 Dec. 1938.

Dear Dr Smith,

I had the most queer looking specimen brought to notice yesterday, The Capt of The trawler told me about it so I immediately set off to see the specimen which I had removed to our Taxidermist as soon as I could . I however have drawn a very rough sketch and am in hopes that you may be able to assist me in classing it.

It was trawled off Chulmna coast at about 40 fathoms.

It is coated in heavy scales, almost armour like., the fins resemble limbs, and are scaled right up to a fringe of filment. The Spinous dorsal, has tiny white spines down each filment.

Note drawing inked in in red.

I would be so pleased if you could let me Know what you think , though I know just how difficult it is from a discription of this kind.

Wishing you all happiness for the season.

Yours Sincerely.
M. Courtenay-Latimer

拉蒂迈小姐写给史密斯博士的信
（史密斯研究所 [1] 供图）

1　全称为 J. L. B. 史密斯鱼类学研究所（J. L. B. Smith Institute of Ichthyology）。

斯博士，还把坚硬的骨质舌头带回家研究。她告诉森特先生，如果第二天晚上她还没收到史密斯博士的消息，就请他把鱼的内脏都丢掉，继续制作标本。

"依然没有任何消息。我们每天都在焦急地等待史密斯博士的来信。那种感觉很糟。转眼新年也过去了，我们还在等待。"史密斯终于在 13 天后回信了，在此之前，拉蒂迈经历了漫长而又痛苦的等待。

虽然拉蒂迈不是一个受过专业训练的鱼类学家，但她在这一领域确实有丰富的知识。甚至在她出生之前，她就注定要成为一名博物学家。她的父亲埃里克·亨利·考特尼－拉蒂迈（Eric Henry Courtenay-Latimer）在她出生前两个月的日记中写道："薇莉（Willie，拉蒂迈小姐的母亲）和我都祈祷我们的孩子会热爱大自然的一切美好。薇莉想让孩子成为一名植物学家，而我想让孩子成为一个热爱动物的人。"

1907 年 2 月 24 日，他们的第一个女儿玛乔丽·拉蒂迈出生了，比预产期早了两个多月，出生时体重只有 1.5 磅（约 1.4 斤），存活几率非常渺茫。但对她的父母来说，她是一个奇迹，他们记录了她成长中的每一个细节。她的父亲写道："这个小东西看起来像一个裹着棉絮的迷你玩具娃娃。她有浓密的黑色头发，没有手指甲和脚指甲……我们的宝贝是东伦敦最迷人的婴儿……虽然她娇小柔弱，但我们的喜悦丝毫不减。"

拉蒂迈一家并不富裕，他们过着漂泊不定的生活，埃里克·拉蒂迈在南非铁路局工作，当他从一个车站调到另一个车站的时候，全家人就要跟着一起搬家。然而一家人却非常快乐，他们喜欢在户外活动、野餐，在海滨散步。在小拉蒂迈的第一个生日时，父母带着仍然羸弱的她去了非洲大陆最南端的厄加勒斯角（Cape Agulhas）。"海滩让小拉蒂迈十分兴奋，她对一个形状奇特的贝壳非常着迷，整天都在玩它，最后紧紧地握着贝壳睡着了。"她的父亲回忆道。两岁时，她把姨妈养的小鸭子兜在自己的围裙里，想把它们带到自己的床上去睡觉。

尽管她的生活方式很健康，但她还是经常生病，有好几次差点丢了小命。"她又瘦又弱，"她父亲写道，"但她性格坚毅，是一个古怪而严肃认真的小女孩，她对动物、花草以及她的母亲和妹妹有着深厚的感情。"

拉蒂迈对鸟类特别感兴趣：儿时的她常常花很长时间去观察鸟巢，收集鸟蛋和羽毛，研究鸟类的行为。11岁的时候，她宣称日后要写一本关于鸟类的书。她还有一套很棒的蝴蝶标本，喜欢收集蕨类植物和旧石器。她捍卫动物的权利，有一次因为她的几个表兄弟想要把小猫丢进井里，她和他们打了一架。一天，她因为睡莲的名字与父母发生了争执。她的父亲写道："小拉蒂迈为一朵莲花与长辈争吵，因而挨了一顿揍，然后被赶上床睡觉。她坚持说这是睡莲而不是莲花。当我问她为什么时，她说：'对于这种美丽的植物，莲花（lotus）是一个糟糕的名字，睡莲（water lily）才是美丽的名字。'"

拉蒂迈在学校成绩优秀，除了数学外，其他科目的成绩都名

　　　　　　寻找我们的鱼类祖先：四亿年前的演化之谜

列前茅。她的父亲希望送她去寄宿学校，却因无法承担学费而苦恼。布朗利博士（Dr. Brownlee）是小拉蒂迈结识的众多植物学家之一，他这样安慰她的父亲："没有人能教她掌握她生命中最喜爱的东西。懂得欣赏大自然的美是她与生俱来的天分——她在这方面所收获的知识，是在学校里无法习得的。埃里克，耐心点，这孩子会因为这份美好的天赋而受益良多。上帝会赐予她健康。"后来小拉蒂迈曾因感染白喉而差点死去，也是布朗利博士一直陪伴着她，悉心照料，直到她恢复健康。

15岁时，她被送到一所修道院开办的学校，在那里她第一次接触到卡米拉修女和她的化石鱼。她在所有科目上都继续表现出色，包括音乐。"她的表演风格十分可爱，"她父亲记录道，"在某种程度上，她的演奏似乎道出了她的天性。她成长为一个非常温柔可爱的女孩，总是乐于帮助别人，是妈妈的好帮手。她虽然长得不算漂亮，但有一张精致的脸，笑的时候眼睛闪闪发光，充满生气。"

现在90岁出头的拉蒂迈[1]依然爱笑，笑的时候眼睛依然发亮。她和她的小猎犬辛迪（Cindy）住在东伦敦的一栋小房子里，隔壁就是她和家人曾经居住的地方——1938年，她就是在那里度过了烦闷的圣诞节。她的房间里到处都是书，大多与自然相关，还有许多罐贝壳、手工编制的篮子、花朵，还有一座真人大小、没有完成的科萨族（Xhosa）妇女的红土雕像。另一件未完成的雕塑用布

1　本书原著出版于1999年。——编者注

遮盖着，她把布揭开，露出了一个酷似史密斯的头像。她最近开始在陶瓦上绘制花朵，并把它们放在窗台上小心晾干。从她开始在东伦敦博物馆工作到现在，已经过去了近 70 年。她最初是博物馆员，后来成为馆长，那段岁月显然是她一生中最重要的时光。

"在博物馆工作一直是我的梦想，"她回忆道，"退而求其次的话，我想当一名护士。"21 岁时，她与青梅竹马艾尔弗雷德·希尔（Alfred Hill）订了婚。他是一个相貌英俊、酷爱聚会的男孩。"我们经常在我母亲亲戚家农场附近阿多高地（Addo Heights）的小山坡上约会。从那里我可以看到伯德岛（Bird Island）上的灯塔的光扫过海面。"拉蒂迈因此产生了一种难以抑制的冲动，她想去这个遥远而偏僻的小岛上看看。一年后，她和艾尔弗雷德解除了婚约。"他觉得我收集植物和爬树追鸟的行为太疯狂了，"拉蒂迈笑着回忆道，"他说这是小女生的游戏，他的妻子不应这么做。后来我和埃里克·威尔逊（Eric Wilson）相爱，他的父亲有一家钢铁厂。埃里克的过世让我很伤心。他是我一生挚爱，此后我再也没有爱上过任何人。"

拉蒂迈决定去当护士，在威廉王城（King Wlliam's Town）参加了培训课程。然而，就在她准备开启护士生涯的前几周，她的一个博物学家朋友乔治·拉特里博士（Dr. George Rattree）建议她追逐曾经的梦想，去应聘正在建设中的东伦敦第一座博物馆的博物馆员职位。"面试时我见到了董事会成员，包括市长和那些老先生。我吓得一直发抖。主席贝斯博士问我会不会弹钢琴。'是的。'我说，声音又细又小，我怀疑他没有听到我的回答。他们问我各种各样的问题，想知道我的兴趣所在。拉特里博士问我：'你知道非洲爪蟾吗？'现在，我们管这种生物叫非洲爪蛙。我说：'哦是的，我知道。'然后便一字一句地告诉他这些东西如何饲养和繁殖，在哪里可以找到。那天早上一共面试了 25 个女孩，她们都衣着亮丽。我穿着自己缝的连衣裙，上面画着苏格兰风铃草图案，戴着一顶可爱的小草帽。我没想到自己能入选。"9 天后，她拿到了这份工作，月薪是 2 英镑。她将负责标本陈列与展示，以及博物馆的经营管理。这是她的第一份工作。那一年她只有 24 岁。

"1931 年 8 月，我接手管理博物馆。那时它还只是一个空壳。博物馆楼下有个小房间，里面堆满了垃圾。博物馆里只有 6 件鸟类标本，还被蠹虫蛀满大大小小的洞，我把它们全烧了，委员会的人没有当场解雇我真是不可思议。他们还有一只 6 条腿的小猪的浸制标本，12 张很漂亮的东伦敦风景照片，12 张描绘科萨战争场景的印刷品。这些就是馆里的全部藏品。还有一箱贝斯博士收集的石器，那些东西看上去并不比我的脚更像石器。所以我把它们也全都丢进了垃圾场。"

上任第一天回家时，拉蒂迈在心里反复盘算，怎么才能把博物馆馆藏丰富起来。第二天，她带着一把斧头来博物馆，把那些糟糕透顶的陈列柜全砍了，这些柜子是当地一位慈善家捐赠建造的。拉蒂迈过去收集了一些旧的晚礼服、瓷器、珠宝，还有同母亲一起收藏的石器，能追溯到 1858 年的珠宝饰品，以及她的姨婆拉维妮娅·沃尔顿（Lavinia Walton）收藏的渡渡鸟蛋，她计划将这些收藏都放到博物馆里进行展出。

从博物馆开馆的那天起，它就成了拉蒂迈生活的全部。"我过去常在周末外出，采集野花，在标本上系上标签，教孩子们认识它们的名字。"她从未停止采集工作；每逢节假日，她都会去采集大量的南非海贝、海藻、鸟蛋，还有蝴蝶、飞蛾等昆虫标本，收集当地的民族学资料，不断扩充这个小博物馆的藏品。

东伦敦博物馆也因此赢得了良好的声誉。1932年，两位来访的高级官员被这名"女博物馆员"（拉蒂迈这样称呼自己）深深打动，他们安排她在德班博物馆（Durban Museum）学习6个月。在那里，她学会了如何装架、制作模型和鉴定各类标本。她踌躇满志地回到了自己的博物馆。

1933年12月，拉蒂迈第一次见到史密斯博士，史密斯鼓励她把需要鉴定的鱼类寄给他。"我很喜欢史密斯博士，"她说，"人们认为他很难相处，但我总是跟难相处的人合得来。他十分严格，我很怕在他面前把事情搞砸，但我非常欣赏和敬佩他。他是最棒的人。我很幸运有他这个好朋友。"

1933年，她受邀去开普敦（Cape Town）的南非博物馆（South African Museum）待了6个月。在那里，她遇到了帕特森先生（Mr. Patterson），他负责管理所有的近海岛屿，包括她和艾尔弗雷德约会时曾经魂牵梦萦的那座伯德岛。"我一直相信我的生命中有一些使命，有一些必须去做的事情。伯德岛就是其中之一，"她缓缓地说道，"我母亲的家人是1820年移民过来的，他们在阿多高地有一栋房子，房子里有个房间的窗户常常闪烁着来自伯德岛的光。小的时候，我总是被那束光吓到，妈妈告诉我：'别怕，那是指引海上水手的光。'于是我想，伯德岛一定是个非常棒的地方。所以，当我遇到帕特森先生时，我必须抓住这个千载难逢的机会。"

"我从未像对待帕特森先生那样试图拉拢过任何人。那时，女性是不允许去伯德岛的。但我一直恳求他让我上岛。我不上班的时候经常带着水果和甜点去拜访他。最后他妥协了：'如果你能再找一名女性跟你一起去，我就给你一张去伯德岛的许可证。'于是我回到家，叫妈妈和我一起去。她说：'好啊，但是爸爸会怎么说呢？'我说：'你就告诉他我们想去，而且我们已经拿到许可证啦。'"

"小拉蒂迈说服了她妈妈和她一起去伯德岛，"她爸爸写道，"我真的很生气。薇莉和小拉蒂迈一样不听我的话，但我没法阻止她们。"最终他还是让步了。

"那是1936年11月，我们在伊丽莎白港（Port Elizabeth），收拾好行李准备出发。动身前一晚，父亲突然发来了一封电报，说要跟我们一起去。但他没有许可证。我跑到伊丽莎白港的港务局长那里大呼小叫，我以为父亲会阻止我去伯德岛，我想在他来之前赶紧乘船离开。但港务局长让我再等等，他想看他能不能帮得上忙。父亲的火车大约早上8点到。当时下着瓢泼大雨，我们凌晨5点就到码头了，所有的杂物和行李都运上了船。我见到父亲时一点也高兴不起来，甚至都不想跟他打招呼，因为我不知道他们会不会给他放行。父亲却自得其乐。最终，他得到了许可，我们一起出发了。"

"我们在岛上待了大约三个月，那里实在是太棒了。但父亲却烦透了，因为那时正好赶上威尔士亲王（Prince of Wales）退位，在伯德岛没有报纸可看。父亲非常想知道事件的进展。天知道他让我们的日子多难过。但我不在乎，我在伯德岛上玩得很开心。"

"有时我在想，这个对'快乐'有着独到见解的女孩到底是不是我亲生的。"拉蒂迈父亲在岛上的日记里这样写道，"不知道为什么，像她这个年纪的女孩，居然会把自己关在这样凄凉偏僻的地方，还乐在其中。她学会了射击，是个高手。"

拉蒂迈整天待在这个方圆 1 英里（2.6 平方千米）的岛上，岛上有约 27 000 只海鸟。她观察它们的繁殖习性，收集并制作鸟类标本，包括南非鲣鸟、燕鸥、企鹅和翼展达 10 英尺（3.0 米）的信天翁。她收集海鱼、贝壳、植物，只要是博物馆可能感兴趣的东西她都不放过。天冷的时候，她就在夹克里揣一只兔子当宠物。

接下来的几年里，拉蒂迈经常造访伯德岛。对她来说，这里一直是个特别的地方："我看着自己在伯德岛上的照片，就会有想家的感觉。"她一边回忆着，一边拿出一本大的黑白相册，每一张照片都仔细标注着拍摄信息，墨迹已经褪色。从照片里可以看到，一个穿着棉质长裙的年轻女孩，微笑着站在成千上万只鸟中间。伯德岛是拉蒂迈的私人天堂，当她准备离开时，已经收集了 15 箱标本。

"那是我第一次遇到古森船长，"拉蒂迈回忆道，"他是'尼林号'的船长，当他的船员吃腻了鱼，他就在伯德岛停下来抓比利时野兔给他们加餐。古森船长对我的工作很感兴趣，他慷慨地答应我，以后可以每次帮我运一个箱子回东伦敦。当他把标本全部运完以后，他说他想继续为博物馆收集标本，所以我设计了一个大罐子，让他把给博物馆或水族馆采集的标本暂时保存在里面。古森船长很有魅力，是个优秀的人。我很喜欢他。他为博物馆收集了各种各样的东西，比如海星、鲨鱼等。每次他打电话给我，我就会乘出租车去码头把他收集的东西带回来，做成标本。"

而这次古森船长的最新发现让这位女博物馆员倍感压力。拉蒂迈把信和草图寄给史密斯博士已经 11 天了，却仍然杳无音信。

拉蒂迈的信其实从格雷厄姆斯敦的罗得斯大学转寄到了克尼斯纳（Knysna），那里距东伦敦有 350 英里（563.3 千米）。史密斯和他的妻子玛格丽特（Margaret）正在那里度假。因为圣诞和新年假期的关系，信迟到了。史密斯身材瘦小，体质欠佳。1939 年 1 月 3日，当朋友把他的信件送来时，他刚从一场大病中恢复，身体仍然很虚弱。在送来的信中，他一眼就认出了拉蒂迈的笔迹。他拆开信，读了她对那条鱼的描述。翻到下一页时，他看到了那张草图。

"我反复看了又看，刚开始很是困惑。"他在《老四足鱼》（*Old Fourlegs*）里写道。这是一本他写的有关空棘鱼（Coelacanth）的书。"在我们国家的海域甚至是全世界的海洋里，从来没有见过这样的鱼。它看起来更像一只蜥蜴。就在这时，一枚炸弹似乎在我的脑子里轰地炸开了。仿佛有一群像鱼一样的生物在那张草图和信纸上一闪而过，那是一群已经不复存在的鱼，在过去的遥远岁月里生活过的鱼，过去人们对它们的了解仅限于岩石里残存的那些碎片。"他警告自己别犯傻，但他越看这张图，看着它的尾巴、四肢一样的鱼鳍和大大的鳞片，越是确信，这条鱼和被认为

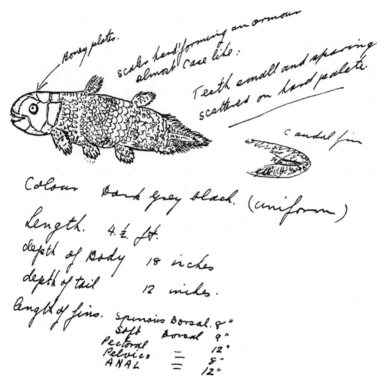

拉蒂迈小姐为这条长了不寻常"胳膊"的鱼所画的草图
（史密斯研究所供图）

已经灭绝了7000万年的化石鱼有着密切的相似之处。"我的猜想是如此荒谬，荒谬到每当我这么想，我的常识就会对我的愚昧嗤之以鼻。"他写道。

拥有敏锐直觉的人往往能够实现非凡的成就。史密斯所看到的，不过是普通人粗粗画下的速写，画的是一条在南非印度洋外海捕获的 5 英尺（1.5 米）长的鱼，但他却能立刻将这条鱼跟他在学术期刊上读到的一种在格陵兰岛淡水沉积中发现的，有着 2 亿年历史、长度仅 12 英寸（30.5 厘米）的化石鱼联系起来。

玛格丽特·史密斯对丈夫的怪异举止感到吃惊。只见他站起来，一言不发地盯着那封信。过了良久，他转过身对她说："我知道你会认为我疯了——他们在东伦敦发现了一种鱼，一种被认为已经灭绝了几千万年的鱼。"

"当时我的确认为他有点头脑发昏，但在与这位比我年长很多的学术精英结婚 9 个月后，我成长了很多。所以我并没有直接说出我的质疑，而是平静地问他：'为什么你这么说？''你看那条尾巴，'他说，'没有一条活着的鱼有这样的尾巴。'"她从他手里接过信，提醒他注意信的寄出时间，差不多已经是两周前的事了。他顿时开始为此忧心忡忡。他知道东伦敦博物馆设施简陋，担心更糟的情况已经发生。他立刻给拉蒂迈发了封电报：务必保留那条鱼的骨骼和鳃。

史密斯知道，他必须亲眼去看那个生物，才能证实自己的猜测。但由于某种无法解释的原因，他并没有立即动身前往东伦敦。他在《老四足鱼》中写道，他当时正忙于批改南非大学的试卷而没有办法抽身，同时他还担心这可能并不是他所希望的那种不可思议的非凡发现。在收到拉蒂迈的信的同一天，他写了一封更长的回信，敦促她保存鱼的软组织，并向她透露了他对这条鱼的猜测："从你的描述和草图来看，这条鱼与一些已经灭绝了许多年的鱼很相似，但在亲眼看到它之前我不能妄下结论。请小心看护它，不要冒险运送它。"在接下来的一整天，他都处于一种狂热的状态，那条鱼的形象在他的脑海里不断翻腾，第二天邮局一开门，他就给拉蒂迈打了一通电话。

在东伦敦这边，拉蒂迈几乎已经放弃收到史密斯回信的希望了。所以当她收到电报和信件，看到史密斯让她保存鱼的内脏时，已经太晚了。这时，离这条鱼第一次来到她身边已经过去了整整13天，为了制作标本，森特先生早就把它的内脏和组织都扔掉了。不幸中的万幸是，因为做成了标本，这条鱼的内部骨骼和皮肤得以保留下来，虽然这些部分现在已经被福尔马林浸成了褐色。第二天，史密斯设法与拉蒂迈通了电话，他再三强调内脏的重要性，并让她去市政垃圾场把鱼的内脏找回来。可怜的拉蒂迈这次没有那么好的运气：垃圾早就被倒进了海里。

随后的几个星期，史密斯完全处于狂乱中。他读越多的文献，就越确信这条鱼是空棘鱼，一种起源于4亿年前的古老鱼类。一直以来，他坚信自己命中注定会发现"某种惊世骇俗的生物"。"这个想法深深刻在我的脑海中，我所处的独特环境和经历就像是为空棘鱼的出现奠定了基础一样，从某种意义上说，这种预感让我做好了准备，去应对这一完美时刻的出现。尽管我的常识排斥它，但我还是在一个非鱼类学家的'印象派画作'中看到了它的影子。"

史密斯深知，这一发现将成为20世纪动物学上最伟大的发现。但如果他贸然宣布这一发现，然后又被证明是错误的，那么他将成为全球科学界的笑柄。而在到东伦敦之前，他不可能得到确切的答案。"那是一段可怕的日子，白天备受煎熬，夜晚更糟，"他记录道，"我被恐惧和怀疑折磨。这带给我身处地狱一般的预感，这很可能是一桩让我在科学界大大出丑的事件。5000万年[1]！空棘鱼一直活了这么久，却没有人知道，这太荒谬了。"他写信给南非博物馆的巴纳德，谨慎地表达了自己的想法。巴纳德立刻回信并表示质疑。但史密斯把拉蒂迈的信和草图看了一遍又一遍，也许是为了让自己安心。他又写了一封信给她：

克尼斯纳

1939 年 1 月 9 日

亲爱的拉蒂迈小姐，

你的鱼让我寝食难安。这实在是一个让人烦恼的生物。鱼的软组织没能保存下来，我对此仍然感到痛心，即使当时它们就已经腐烂掉了。我很遗憾地说，它们的损失是动物学上最大的悲剧之一。经过仔细思考，我比以往任何时候都更确信，这条鱼比人类发现的任何鱼种都要更原始。几乎可以肯定，它与那些在中生代早期或更早时期繁荣发展，但现在已经灭绝

---

1 现在一般认为这些化石鱼在 7000 万年前灭绝，也就是最近的一次大灭绝事件之中。——原书注

了数千万年的总鳍鱼类（Crossopterygian）[1]有密切关系。我们对这种鱼的内部结构所知甚少，更不用说它的软组织了，因为化石只能帮助我们了解生物的外部形态。你的鱼有典型的空棘鱼外部特征，空棘鱼是一种在古代常见于北欧和美洲的鱼类。但它究竟是一个新属还是一个新科，我需要通过仔细检查才能确定，但我确信，它将在动物学界引起巨大的轰动……

感谢你为科学界保留了这一神奇的发现。为了向你表示敬意，我暂时把它命名为拉蒂迈鱼（*Latimeria chalumnae*）——尽管目前为止只有我自己知道这个名词——它很可能是一个新科。

致以最亲切的问候，

你诚挚的

史密斯

"我被那封信弄得心烦意乱，"拉蒂迈回忆说，"我很怕在跟史密斯博士共事时犯错。我打电话告诉他，如果他早点回信，任何东西都不会被扔掉，但我知道这都是我的错，直到如今我仍然为此事感到难过。"

1　过去定义的总鳍鱼类包括除了肺鱼的所有肉鳍鱼类（包括扇鳍鱼类、爪齿鱼类和空棘鱼类）。但随着肺鱼也被归入扇鳍鱼类后，总鳍鱼类指代的范围变得与肉鳍鱼类相同，因而被废弃。

寻找我们的鱼类祖先：四亿年前的演化之谜

自豪的年轻博物馆员拉蒂迈小姐与她发现的拉蒂迈鱼

（东伦敦博物馆供图）

　　没有了假期的影响，信件在东伦敦和克尼斯纳之间顺畅往返。史密斯再次写信给开普敦的巴纳德，但他并不准备寻求帮助。"我一直觉得这件事应该由我独自承担，"他在《老四足鱼》中这样解释，"毫无疑问，我必须对这一生物的鉴定负全部责任。经过慎重的考虑，我决定由我自己来承担这份可怕的责任，这差不多快要变成我的葬礼了。"他给拉蒂迈小姐写信，授权她给拖网船渔民提供20 英镑的酬劳，以期再获得一条这样的鱼，做成完美的标本。拉蒂迈也寄了一些这条鱼的鳞片给他，这增强了史密斯博士对鉴定结果的信心。

　　终于，在 1939 年 2 月 16 日，史密斯博士——这个全身散发着巨大能量的瘦弱男子——和比他个子更高、怀着身孕的妻子玛格丽特·史密斯到达了东伦敦。天空下着瓢泼大雨，他们直接前往博物馆与拉蒂迈会面，去看那条空棘鱼[1]。根据拉蒂迈的日记，那天她很早就开始工作了，从早上 6 点就一直在博物馆，非常兴奋。史密斯被带到里面的房间，在那里他第一次看到了这条鱼，它就放置在拉蒂迈专门准备的大标本台上："虽然我早有准备，但第一眼看到它时，我还是瞬间被一股炽热的冲击波击中，全身战栗。我站在那里，僵硬得如同一块石头。是的，无需怀疑，它的每块鳞片、每块骨骼、每条鱼鳍，都在说，它是真正的空棘鱼。"

---

1 史密斯在《老四足鱼》中写道，当他们到达时，拉蒂迈小姐并不在场。拉蒂迈激烈地反驳这个说法："这让我很恼火，因为我一直盼着他来，他的书里却写，当他来的时候我出去了——就好像我出去逛街了一样！我从不去逛街，我没有时间逛街。"——原书注

第二章　在非洲总是可以发现新东西

在所有可能奇迹般"复活"的鱼类里，空棘鱼毫无疑问是迄今最有趣的一种，史密斯非常了解它的重要性。1938年12月22日，拉蒂迈小姐非常偶然地发现了这条美丽的还活着的蓝鱼。其实早在100多年前，人们就从化石中得知了这种鱼的存在。1839年，瑞士科学家路易·阿加西（Louis Agassiz）描述了一块在英格兰北部达勒姆（Durham）修路时发现的二叠纪泥灰岩地层中的不同寻常的鱼尾化石。他发现支撑鱼尾的鳍条是中空的，因此将其命名为 *Coelacanthus granulatus*（属名 *Coelacanthus* 来自希腊语，指中空的脊索；种名 *granulatus* 则表示鳞片表面的颗粒状纹饰）。

之后，在德国、英国、美国、中国、巴西、马达加斯加和格陵兰岛等地的野外考察中也发现了大量相似的鱼类化石。这些化石最显著的特征就是都有中空的脊索和奇怪的肉质鳍，但除此之外，空棘鱼类的形状和大小差异非常大。有的胖，有的瘦；有的是身大尾小，有的是尾大鳍小；体长从几厘米到3米不等。最古老的空棘鱼化石是重尾鱼（*Diplocercides*）[1]，在泥盆纪地层中发现，距今有3.75亿年到4.1亿年的历史。而距离现在最近的空棘鱼化石大盖鱼（*Macropoma*），身长只有1英尺（0.3米），在欧洲和亚洲的白垩纪淡水沉积中发现，生活在大约7000万年前。由于没有更晚近时代的空棘鱼化石发现，所以在1938年之前，人们推测它们和恐龙以及当时大多数物种一样，在白垩纪末期的大灭绝中消失了。

有了这些保存精美的化石，古生物学家能够根据它们对化石空棘鱼进行细致的复原工作，重建出它们生活时的模样，至少可以根据这些化石恢复出这些古代鱼的外观和骨骼。对空棘鱼化石了解得越多，研究者就越感到兴奋。

在一定程度上，这要归功于生物学理论上的那场根本性革命。1859年，《物种起源》（*On the Origin of Species*）正式出版，在这本书和之后的《人类的由来》（*Descent of Man*）一书中，查尔斯·达尔文（Charles Darwin）讲述了一个奇妙的世界：人类是通过自然选择的过程逐步进化而来；我们的祖先是猴子，猴子的祖先是爬行动物，而爬行动物的祖先是鱼类。但由于这个"家谱"上存在很多缺漏，所以让持怀疑态度的人有了质疑的依据。教会坚持反进化论的立场，证明进化论的重任就落在了科学家身上。突然间所有的生物，不管过去的还是现在的，都变得充满魅力。科学家们努力找出每一种生物在演化链条中所处的位置，来支持达尔文的理论。他们开始用灭绝生物留下的化石遗骸作为例证，把证据一点点地

---

1 现在最古老的空棘鱼化石来自云南昭通发现的早泥盆世布拉格期云南孔骨鱼。

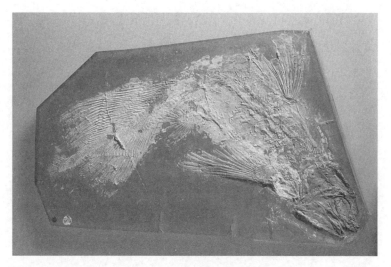

距今约 1.5 亿年的空棘鱼化石——士瓦本粒皮鱼（*Coccoderma suevicum*），
长 32 厘米（伦敦自然历史博物馆供图）

拼凑起来。在这些"缺失环节"中，最重要的是找出鱼类走出海洋并开始征服陆地的机制是什么，这是脊椎动物进化史的第一步。[1]如果能找到证据，把这些海洋生物和陆地生物间的演化链条联系起来，将有助于支持进化论，并削弱创世论。直到 20 世纪 30 年代，在空棘鱼仍未灭绝的消息传出之前，进化论仍然饱受争议。[2]

　　在泥盆纪（距今 4.1 亿至 3.6 亿年）之前，陆地上除了一些长

1　原文并不准确，鱼类登上陆地应该是四足动物演化的第一步，不是脊椎动物演化的第一步。

2　就在十年前，一项调查显示，只有一半的美国成年人相信进化论是有事实根据的。——原书注

满尖刺的低矮植物、蝎子和昆虫，没有别的生命。当时陆地汇聚成几个超大板块，和我们现在地球的样貌完全不同。这些超级大陆处在一种持续而缓慢的变化中。尽管陆地仍然荒芜，但地球上已经开始出现巨大的淡水湖泊，在这些湖泊和海洋里生活着各种各样、千奇百怪的生物。它们中的大部分我们都不认识：生活在海底披着厚甲、扁平无颌的小型甲胄鱼类[1]，没有演化出上下颌的嘴只能张开滤食；和成年人一样大小的巨型鹦鹉螺；以及比龙虾大得多的海蝎子；第一条出现了颌的鱼——盾皮鱼，它们有时甚至可以长到几米长；还有原始的巨型鲨鱼，在当时就已经是可怕的掠食者。

这一时期常被称作鱼类的时代，最早的硬骨鱼类开始登上历史舞台。但它们与我们现在所知的鱼类相距甚远。它们长着厚实的硬鳞，用来抵挡无处不在的掠食者的攻击。硬骨鱼类可以分为两大类群：一类是辐鳍鱼类（*Actinopterygii*），与大部分现代鱼类一样，有着单一的背鳍、成对的胸鳍和腹鳍；另一类是肉鳍鱼——包括空棘鱼、肺鱼和扇鳍鱼[2]——它们的鱼鳍像是长在类似四肢的肉叶（想象没有脚指头的腿）末端。它们的学名是 *Sarcopterygii*（来自希腊语，*sarco-* 意为肉质的，*-pterygii* 意为翅膀或鳍），肉鳍鱼类比辐鳍鱼类多了一个额外的背鳍。它们多数是掠食者，并在某些时期极为繁盛：在普林斯顿大学新图书馆施工现场发现的三叠纪

1 　甲胄鱼类是志留纪—泥盆纪时期，皮肤表面披着厚重骨甲的原始鱼类的统称。

2 　现有分类系统中，肺鱼已经被归入肺鱼形类中。肺鱼形类和四足形类组成姐妹群，合称扇鳍鱼类。

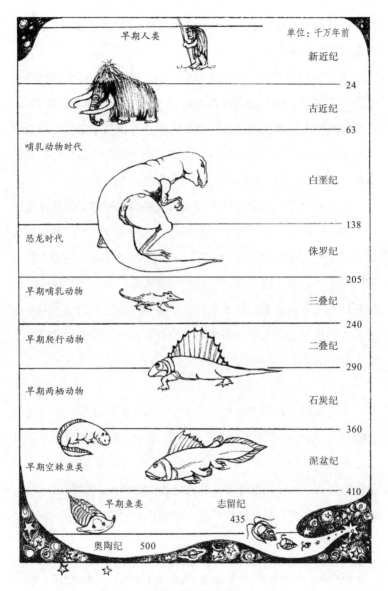

脊椎动物演化时间线

（凯瑟琳·G.麦科德绘）

沼泽环境形成的页岩中,平均每平方英尺(约 0.1 平方米)就有十几条空棘鱼的化石。

在泥盆纪快要结束的某个时候,有一支淡水肉鳍鱼开始演化出四肢。最早的四足动物以鱼石螈(*Ichthyostega*,意为走路的鱼)这样的新姿态,爬出水面并征服了陆地——但科学家们能达成的共识也仅此而已。究竟是哪一支肉鳍鱼最终进化成鱼石螈——是肺鱼、扇鳍鱼,还是空棘鱼——仍不太确定。[1]

古生物学家们把化石标本放在放大倍数越来越高的显微镜下进行仔细的研究。接二连三有人宣称,这种或那种鱼是我们的老祖宗。对于空棘鱼、肺鱼和扇鳍鱼[2]的化石,古生物学家努力研究它们的鳃、心脏,或任何可能让它们呼吸第一口空气的身体结构和特征——不过由于他们拿不到这些生物的软组织,这个问题永远无法盖棺论定。直到那条活生生的空棘鱼——拉蒂迈鱼横空出世,寻找我们最古老祖先的新篇章才得以开启。

史密斯默默地绕着空棘鱼标本转了好几圈。这是一个值得纪念的时刻:在经历了将近七个礼拜的痛苦与混乱,满心满眼里都只有这条鱼后,他终于见到了它的真容。史密斯的猜测得到了证实:他的确是第一个认出这种意义非凡的新生物的人。他走近那条鱼,轻轻地抚摸它。然后转向拉蒂迈,对她说:"小姐,这个发现会被

---

1 现在研究已经厘清,是扇鳍鱼类中的四足形类的一支最后爬上了陆地。

2 本书原著出版时(1999 年)学界认为扇鳍鱼类包括孔鳞鱼类、骨鳞鱼类等,与现在定义不同。

全世界的科学家挂在嘴边。"

"我惊呆了，但十分愉快，最重要的是，这条鱼终于被鉴定出来了。我问了史密斯博士各种各样的问题，但他只是含糊地作答。"她回忆说，"最后他坐下来感叹道：'想想这个岁数的鱼居然还存在！'我问：'它究竟有多老？'他数了数鳞片上的年轮，说它大概33岁，不过它的起源应该是在7000万年以前。我惊讶得说不出话来。所以我是对的，它是活化石。"

据史密斯的妻子说，就在史密斯鉴定出空棘鱼的那天晚上，他激动得辗转难眠："我刚睡着，他就把我叫醒：'亲爱的，告诉我，我不是在做梦吧？'没多久，他又说道：'抱歉又把你叫醒，但是我没疯，对吧？'"

史密斯知道他必须得到同行的认可，他计划把这个发现发表在英国顶级学术期刊《自然》（Nature）上，同时给这条鱼一个正式的名字。但他万万没想到，这条鱼先引起了普通公众的狂热兴趣。这要归"功"于《每日快报》一名记者兼摄影师的出现（总是把博物馆利益放在第一位的拉蒂迈小姐把史密斯夫妇这天会来的消息提前透露给了报社）。史密斯接受了采访，刚开始他拒绝让这名摄影师亚当斯（Adams）给鱼拍照：他担心文章在正式发表前，有人会根据照片抢先命名这条鱼。在拉蒂迈的再三请求下，他做出了让步，但前提是亚当斯只能拍一张鱼的照片，并且这张照片只能刊登在《每日快报》上。然而未能避免的是，亚当斯采取了狗仔队惯用的伎俩，向全世界兜售这张照片——甚至连东伦敦博物馆也不得不花费两几尼[1]来购买这张照片的印刷品。

　　无论如何，史密斯担心的科学剽窃事件并没有发生。记者的采访在 2 月 20 日见报，同一天，这条鱼开始在博物馆里正式展出。一大早，好奇的人们就沿着大街排了一圈，争相来看这条在他们生活的海岸附近发现的引起轰动的怪鱼。尽管这条鱼点燃了公众的想象力，给他们的词典里增加了一个新名词，但科学界仍对它保持一种谨慎的怀疑态度。几天后，大英博物馆——当时博物学界之神一般的存在——打电话到拉蒂迈小姐的小博物馆，问她是否确定那条鱼在古森船长把它捞上来前还是活着的，有没有可能它只是在泥里裹了几千万年，然后碰巧被拖网船捞了出来。她回答说她确定鱼是活的。对方要求提供证据。"于是我说，在上午 11 点 30 分的时候它还是蓝色的，但到了下午 5 点就褪成了灰蒙蒙的。他们又追问我能不能确定，我答道：'是的，这是我最后一次回答这件事：我确定。'"

　　2 月 22 日，在警卫的严密保护下，东伦敦博物馆用火车将这条鱼运往格雷厄姆斯敦。它被带到史密斯的家中，安置在一个特殊的房间里。史密斯写道："它有一种奇怪的、强烈的、刺鼻的气味，这种气味在接下来的几周里都一直伴随着我们的生活，无论我们是醒着还是睡着。"他的家人接受了对这条鱼的保护训练，比如任何时候都不能把鱼单独留在家里，一旦发生

1　几尼（guinea），英国旧时金币名。

火灾，必须先救鱼。不管是清醒还是睡觉，史密斯每时每刻都在想着这条鱼。

在对鱼进行仔细检视后，他向伦敦的《自然》杂志提交了一篇描述这条鱼外部形态特征的文章，附上了一张鱼的照片。文章开篇就引用了古罗马博物学家老普林尼的一句话："在非洲总是可以发现新东西。"从文章发表那天起，史密斯给这条鱼取的名字就将永远陪伴着它：*Latimeria chalumnae* J. L. B. Smith。这种生物将永远与来自东伦敦的一名身材娇小的年轻女性和来自格雷厄姆斯敦的一位古怪执着的科学家共同分享名字。[1]这篇刊登在《自然》杂志上的文章也终止了大部分科学家的怀疑。3月16日，大英博物馆的 J. R. 诺曼（J. R. Norman）向伦敦的林奈学会提交了一篇关于史密斯文章的论文——林奈学会也是达尔文首次提出进化论的地方——从而让这条鱼进一步得到了来自学界的"官方认证"。

达尔文创造出"活化石"这个词来描述那些原本只见于化石记录中，却仍然存活的"曾经占优势的物种残余分子"。为了找到这些古老生物的现生代表，人们耗费了巨大的人力和财力。达尔文曾推测，活化石很可能生活在深海，因为那里相对来说没有受到环境变化的破坏，他认为这些环境的改变是演化的动力。

英国皇家学会、英国海军部、财政部和大英博物馆组织了一

1　拉蒂迈回忆道："当史密斯博士写信说他要用我的名字命名这条鱼时，我说我认为应该以古森船长的名字来命名，因为是船长把这条鱼带回来给我的。没有他，就没有空棘鱼。""但是，是你最终把它保留给了科学界。"他说。——原书注

次为期三年半的大型科考活动，旨在搜寻深海中的活化石。1872年12月，改装后的海军军舰"挑战者号"（*HMS Challenger*）载着240名水手和科学家从朴次茅斯港（Portsmouth）启航。这艘曾经拥有强大战斗力的军舰现在除了两门炮外，其余的装备都被拆除了，以便装载显微镜、成千上万的样品瓶和用于制作浸制标本的大桶酒精。探险队队长 C. 怀维尔·汤姆森（C. Wyville Thomson）的主要目的之一是把活化石标本带回来，达尔文曾满怀信心地预言这些活化石就生活在他们计划探索的海底深处。

这艘船环游世界，从热带到极地，用巨大的渔网和沉重的金属拖网从海底打捞起柔软的沉积物。这绝不是一次愉快的旅行：船体有时会遭到巨浪冲击，甲板几乎被扫荡一空；四名水手和一名科学家丧生，两个人发疯，一个人自杀，还有61个人弃船而去，年复一年的令人心智麻木的例行打捞作业是这些悲剧的罪魁祸首。除去这些之外，这次探险据称获得了令人瞩目的成功。科学家们在绘制海底地形方面取得重大进展，并且由此诞生了一门新学科：海洋学。此外，他们还证实了深海中的确存在大量奇怪的生物，4174个新物种被发现和鉴定出来。遗憾的是，寻找活化石的任务却宣告失败：科学家们只发现了一种体型很小且并不怎么有趣的乌贼——小旋鱿（*Spirula*）。

在活化石极为罕见的情况下，空棘鱼的发现更显得尤为重要——它不仅是活化石，而且与人类起源密切相关。全球媒体就像争夺食物的食人鱼一样进入了持续的疯狂状态。从纽约到斯里兰卡，世界各地的报纸和杂志争相对此进行报道。新西兰《奥克兰明星报》（*Auckland Star of New Zealand*）一篇长篇报道标题就叫作"超越尼斯湖"；《伦敦新闻画报》（*Illustrated London News*）刊登了一幅几乎与标本等大的拉蒂迈鱼照片拉页，同期大英博物馆 E. I. 怀特博士（Dr. E. I. White）配文的标题是"20世纪博物学领域最令人惊奇的发现之一"，文章把这一发现描述得"十分轰动"，声称"该事件就像发现了活着的梁龙（*Diplodocus*）一样令人惊讶，那是一种生活在中生代高达 80 英尺（24.4 米）的爬行动物"。不过史密斯认为这篇文章的某些部分显得很傲慢，而且"不像是在恭维我这种身处偏远地区的科学家"。怀特这样写道："有关这个发现的文章是在不久前发表的，但专家们对此持谨慎的怀疑态度——他们太熟悉某些故意的恶作剧或无知的人为错误报告了，因此在没有进一步的证据之前，他们不会盲信。（这让人联想到'恩菲尔德恐龙'，那其实是一匹倒霉的驮马的遗骸。此外还有'萨福克猛犸象'的例子。一名专家因为相关报告被派去东英吉利亚［East Anglia］考察，而除了在犁沟中发现的鱼类堆肥残余物，他一无所获。）

与达尔文的观点相同，怀特表示，空棘鱼"几乎可以肯定是来自深海的漫游者，在与更活跃的现代鱼类的激烈竞争中退居深海"。这个观点后来为学界广泛接受，但史密斯对此嗤之以鼻："对我来说，只要看一眼空棘鱼，就可以断定它不会生活在'难以接近的深海'。然而世界各地的很多科学家显然不加置疑就接受了这种观点……当我第一次看到这条鱼时，它就像会说话一样，清楚地

The East London Fish: The most startling "living fossil" ever discovered.

THE OUTDOOR WORLD

A LIVING FOSSIL
CAUGHT IN
THE SEA

BEST FISH STORY IN
50,000,000 YEARS

One Of Most Sensational
Scientific Discoveries
Of The Century

EAST LONDON'S WONDER
SPECIMEN TRAWLED

《东省先驱报》1939年的头版新闻标题

图中大字部分依次是"在海中捕到的活化石""五千万年来最精彩的鱼类故事""本世纪最伟大的科学发现之一""在东伦敦打捞上来的传奇标本"

对我说：'看看我那坚硬的、盔甲般的鳞片，它们彼此重叠，让我身体的每一处都覆盖着三倍厚的鳞片。看看我那坚硬的头和强壮结实的鳍，我被保护得非常好，没有任何岩石能伤到我。我当然是生活在岩石覆盖的地方，在暗礁之间，在海浪与波涛的冲击中。请相信，我是一个强悍的家伙，不惧怕大海里的任何东西……光是我身体上的蓝色就足以告诉你，我不可能生活在深海。深海里没有蓝色的鱼。'"

一封发表在《自然》杂志的来信谴责史密斯用拉蒂迈小姐的名字来命名这条鱼，因为她丢掉了鱼的内脏，给科学界造成了无法弥补的损失。史密斯用最强硬的措辞回应：正是拉蒂迈小姐的精力和决心，这条鱼才得以保持得如此完整，科研工作者有充分的理由对此心存感激。他在《自然》杂志写道："*Latimeria* 这个属名代表了我最深的敬意。"

在接下来的几个月里，史密斯所有的空余时间都待在家中，解剖空棘鱼，并为南非皇家学会（Royal Society of South Africa）准备这条鱼的专著。同时他还需要完成在大学的工作任务，因此他每天凌晨 3 点起床，研究这条鱼到早上 6 点。然后去山上散步 4 英里（6.4 千米），回来后写下当天的观察结果，吃早餐，8 点 30 分出发去学校。史密斯在学校时，他的妻子玛格丽特会帮他把笔记打印好，方便他在午餐时查看并更正。接着她会在下午对笔记进行修订，这样史密斯就可以从下午 5 点到晚上 10 点继续研究空棘鱼。他的大儿子罗伯特（Robert，史密斯的前妻所生）放学回家时，常会发现一些仍待完善的标注了鱼类身体各部分结构的草图。史密斯在解剖这条鱼的整个过程中，玛格丽特都陪在他身边。"当他看到标本制作者在鱼身上打的铁钉和在颅骨上钻的洞时，我目睹了他的痛苦。"她回忆道，"但当他发现，带着感觉管的侧外肩胛骨保存完好时，我也分享了他的喜悦，这些骨片连着皮肤，美丽且精致。""那段时间压力相当大。我们没有任何社交活动，工作和财务等其他事情被放在次要位置，所有的精力都耗在一页又一页的手稿上。"史密斯写道，"除了空棘鱼，我们什么也不说，什么也不想，什么也不看，整日整夜都是这样。我们永远忘不了它，尤其是它的味道。"

就在那时，被这个故事深深迷住的那些非专业记者给空棘鱼取了"缺失环节"的别称，由此还引发了一系列并不令人愉快的结果：世界各地不接受进化论的基督教原教旨主义者的信件轰炸。他们谴责史密斯无视《圣经》，"荒谬地陈述"这条鱼起源于几千万年前。难道他不知道亚当是公元前 4026 年被上帝创造出来的吗？他们怒骂进化论是邪恶的，是恶魔的反宗教发明，恶魔将它植入一些人的头脑中，让他们教唆其他人偏离真正的思想之路。

这些信件有很多来自南非，史密斯把它们收集起来当作"疯人档案"[1]。而在当时，甚至在南非国民党统治后的几十年里，南非都是由加尔文宗的荷裔白人统治的，他们禁止教授进化论。直到 1994 年，在公立学校里，讲授进化论仍然是非法的。史密斯的遭

1　显然玛格丽特·史密斯认为这些信件"无关紧要"，并在临终前销毁了"疯人档案"。——原书注

遇简直就是南非著名科学家雷蒙德·达特（Raymond Dart）的翻版。就在 13 年前，达特出版了《汤恩的孩子》（*The Taung Child*）一书，讲述了他发现的第一个猿人遗骸，这是有关人类起源的缺失环节。达特也同样收到了恐吓信，信中扬言他将"被地狱之火炙烤"。还有人给报纸写信来谴责达特，称他的发现是"魔鬼的恶作剧"。

"讽刺的是，如此多与自然界演化相关的重要发现都出现在南非。"达特的学生、南非首席古人类学家菲利普·托拜厄斯（Philip Tobias）教授说，"这是政府的思考方式自相矛盾的典型例子。第一个猿人是在南非发现的，这本应是一件让这个国家引以为傲的事，而直到最近，进化论才被允许列入学校的课程表——作为一门选修课。"

史密斯的研究进展顺利。每每在这条鱼身上发现与几百万年前的化石相一致的特征时，他都会激动不已。然而，由于这件珍贵的展品一直不能进行展览，东伦敦博物馆的董事会渐渐失去了耐心。他们给史密斯发电报，要求立即归还这条鱼。东伦敦的居民一直叫嚷着要再看一看这条鱼，对它感兴趣的人们甚至不辞辛劳远道而来，希望能一睹其真容。虽然史密斯认为自己的工作还没有完成，但他还是同意把它归还。5 月 3 日，空棘鱼在警察的护送下重新回到了博物馆。在接下来的几周里，参观者络绎不绝。史密斯承认在送它离开时感觉"如释重负"，拉蒂迈也很高兴与她的鱼重新团聚。

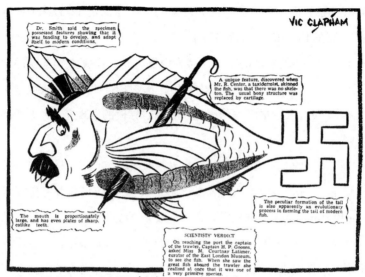

漫画：内维尔鱼——没有脊梁骨的鱼[1]（雅克·克拉普曼绘）

史密斯将研究成果写成了长达 106 页、附有 44 张插图的论文，并在 6 月底提交到了《南非皇家学会会刊》（*Transactions of Royal Society of South Africa*）。这篇文章的精彩之处不仅在于对拉蒂迈鱼的详细描述，更在于它没有引用任何参考文献。整篇论文中，史密斯一次也没有提到他人的研究，这在科研界几乎是绝无仅有的。在史密斯和玛格丽特的第一个儿子威廉（William）出生前，他们花了五天时间才从持续了六个月的疯狂状态中恢复过来。"威廉提前两周出生，"玛格丽特说，"我们从那以后就一直忙个不

1　英国首相内维尔·张伯伦奉行绥靖政策对纳粹退让，漫画讽刺他没有骨头。

停。"威廉后来回忆道："我的祖父很担心我出生后没有衣服可穿，还有些人则担心我身上可能长着鳞片。幸运的是，结果还不错。祖父看到我穿了衣服，而且我身上也没有长鳞片。"

博物馆董事会本想将这条空棘鱼送到大英博物馆，但拉蒂迈小姐成功打消了他们的念头。几个月后，她乘坐由南非铁路公司提供的特别专列，陪着这条鱼抵达了开普敦。"那是一次非常棒的经历，"她回忆道，"每次守卫换班时，都会走过来说：'这个标本很快乐，它在静静地休息。'抵达开普敦时，我看到路旁有很多飘扬的旗帜，我还以为这是在欢迎空棘鱼。于是我在车里朝外面挥手。但后来我了解到，彩旗是为了欢迎当时到访的一位重要外宾，真是太尴尬了。"

南非博物馆最好的标本制作师德鲁里先生（Mr. Drury）开始着手对空棘鱼标本做一些调整。由于没有人见过活的空棘鱼，也不知道它游泳时的样子，他就模仿罗伯特·森特的做法，把胸鳍和腹鳍朝下，放成像四条腿一样的造型。

1939 年 9 月 3 日，也就是英国对德国宣战的那一天，拉蒂迈独自回到了东伦敦。"在一片混乱和恐慌中，我唯一的想法就是，还好空棘鱼安全地待在开普敦。"

第三章　搜寻第二条鱼

　　史密斯努力让自己不去想第一条空棘鱼软组织丢掉的事，然而事实却是这件事愈发地困扰他，日益增长的执念让他不得不承认，自己想去寻找另一条空棘鱼的愿望越来越强烈。"它们一定生活在世界的某个角落，"他写道，"'一团比手掌大不了多少的迷雾'已经在我的内心深处成形，这是一个足以令我生命中所有安排都相形见绌的计划——寻找空棘鱼的家。"

　　他开始筹集资金，租借适合捕捞空棘鱼的船只，带他去东非的珊瑚礁和棕榈岛，他相信在那里能找到空棘鱼的家。他深信，拉蒂迈鱼绝对不是非洲南部海岸的本地物种，否则它早就被频繁捕捞作业的船只发现了。他相信空棘鱼是受温暖的、向南流动的莫桑比克洋流影响，沿着东非海岸漂流而来的。

　　然而，第二次世界大战的爆发使他的计划搁置下来：全世界都处在一片动荡之中，他很清楚，在战争平息前，自己永远也无法找到一艘能载他去印度洋开展研究的船。他回到化学教学老本行，空棘鱼的专著仍然摆在书桌上，每天提醒着他还有一个伟大的任务没有完成。放弃不是他的天性。换作别人也许早已满足于

　　　　　寻找我们的鱼类祖先：四亿年前的演化之谜

第一条空棘鱼带来的名气与荣耀，但对史密斯来说，这仅仅是一个开始。他一定可以找到另一条空棘鱼，只是现在，他必须学会等待。

史密斯不是一个平凡的人。他才华横溢并且性格执着，将全身心奉献给自己的工作，决不屈服于身体上的弱点，也不畏惧别人的打击。工作就是他生活的全部，他还把身边所有人都牵扯进来，以至于他们的生活也都被他的工作所占据。

1897 年 9 月 26 日，史密斯出生于一个叫赫拉夫-里内特（Graaff-Reinet）的美丽小镇，这个小镇距离最近的海岸线数百英里，坐落在南非卡鲁（Karoo）沙漠的中部。他的父亲约瑟夫·史密斯（Joseph Smith）是小镇的邮局局长。他们家是英裔航海世家，他的父亲让他第一次体会到钓鱼的乐趣。史密斯回忆道："我清楚地记得，我在克尼斯纳第一次钓到黑尾重牙鲷的情景，那是一种很像海鲷的鱼类。从未知的水下世界把这个闪闪发光的东西拉起来的过程对我的人生产生了极其重要的影响，可能比任何事情的影响都要大。从那时起，对我来说，钓鱼就成了一种爱好，一种疯狂之举，有时甚至带来不太好的名声。"

史密斯的母亲埃米莉·安·贝克（Emily Ann Beck）是一个美丽但残忍的女人。她执拗地认为自己嫁得不好，并把所有怨恨和挫折都发泄在丈夫和家人身上。根据《南非传记词典》（*Dictionary of South African Biography*）里的描述，"这对父母与长子极少交流，因此他们无法理解长子的敏感、求知欲以及对知识、

在鱼河（Fish River）[1] 露营的史密斯教授，摄于 20 世纪 20 年代末

（史密斯研究所供图）

1　纳米比亚南部最大的河流。

教育和文化的渴望"。史密斯尽可能早地离开了这个家,而且很快就和母亲还有妹妹格拉迪丝(Gladys)断绝了关系(以至于他的儿子威廉·史密斯[William Smith]直到最近才发现自己还有一个姑姑)。史密斯从不谈论他的原生家庭。

史密斯在当地的学校成绩十分优秀。1912年,他获得了位于开普敦隆德博斯(Rondebosch)的主教教区学院(Diocesan College)的奖学金,这是南非最好的公立学校之一,而他也被公认为是一名出色的学生。有一天,他骑着自行车从山上冲下来时忽然发现马路中央多了一道栅栏门。但是为时已晚,他撞上了那道门,肾脏破裂,并且持续出血一年。从此,他开始了与病痛的终身对抗。

在史密斯进入大学那年,第一次世界大战爆发了。他很想立即参战,但是年纪太小,于是他去了斯泰伦博斯(Stellenbosch)的维多利亚学院(Victoria College)攻读化学,并在期末考试中拿了全国最高分,获得了一大笔奖学金。当时他只有17岁,但他看起来年纪更小,事实上长得年轻是他一生的心结,他把这看作一种痛苦而不是优势。

1915年底,他刚一成年就打算去英国加入皇家空军,但当时的南非总理简·斯马茨将军(General Jan Smuts)号召他的人民加入德属东非(German East Africa,现在的坦桑尼亚)的盟军,他受到影响而改变了主意。"因此,我没有学会在天空中翱翔,而是成了一个在地上走个不停的步兵。"他这样写道。那是一个恐怖的时期,人们在可怕的生存条件下,进行着一场判断失当的战争。史密斯是一个瘦小的人——尽管他很有运动天赋（他是斯泰伦博斯最好的高尔夫球手，不过他只在一家俱乐部里打球，后来他还参加了大学的橄榄球校队），但并不强壮。在德属东非，他被各种可怕的疾病折磨：疟疾、痢疾和急性风湿热。他差点死在肯尼亚的一家医院里，最后被送回南非，以终身残疾的名义退伍。在他的余生中，他用尽全力与战时所患的疾病做斗争。

1916 年，史密斯回到维多利亚学院完成学士学位。又过了两年，他拿到了化学硕士学位。在这段时间里，根据他的记载，他总是发高烧，苦不堪言："这种痛苦不容小觑。"但他学习非常刻苦，理所当然名列前茅。可他也不是刻板呆滞的人，他喜爱萧伯纳和莎士比亚，据他的密友 E. G. 马赫伯（E. G. Malherbe）所说，他有着"丰富的想象力"。

马赫伯是"天堂四重奏"（Heavenly Quartet）的成员之一，这是由四个聪明学生组成的一个小团体，他们中的每个人后来都成就了一番事业（马赫伯曾任南非国家教育与社会研究局局长）。在马赫伯的回忆录《绝无冷场》（Never a Dull Moment）中，他描述了他们策划和实施的"最离谱的"恶作剧：把全校时钟拨快半小时，让老师不能准时出现，学生们也就因此多了半天假期。根据史密斯的儿子威廉的说法，这个恶作剧中，"计划缜密"是他父亲最喜爱的一部分。

后来，史密斯获得了出国留学的奖学金，于 1919 年进入剑桥大学塞尔温学院（Selwyn College）攻读博士学位。在那里他进行了芥子气和光敏染料的研究；他游历广泛，还学会了一口流利的德语。四年后，史密斯回到南非，担任有机化学高级讲师，后来升任副教授。很快，被称为"博士"的他被评价为"才华出众的老师"（但也有点"暴躁"），而且将全身心奉献给他的工作。他的学生们至今还记得他行动快速，讲起课来有条不紊，带着学究气，他习惯于不直接看着说话的人，而是突然转过身，用锐利的目光盯住讲话者。

不过，史密斯从没放弃钓鱼的爱好，这自然使他对鱼产生了极大兴趣，对他来说，兴趣和执着之间几乎没有什么区别。他开始用所有空闲时间来鉴定他钓到的鱼。在当时，可用的资料很少，因此，他自创了一套很有特点的数字系统对鱼类进行鉴定和分类。"这本书占用了我所有的闲暇时间。我花了整整一年多，编写了超过100万个数字，但它很有用。"他解释道。他与格雷厄姆斯敦的奥尔巴尼博物馆（Albany Museum）取得了联系，并开始在博物馆年鉴上发表有关鱼类的文章。刚开始是一些短文，不久后，"史密斯"便成为一个在鱼类学界受人尊敬的名字。如果有人需要帮忙鉴定鱼类，他就是重要的求助对象。

史密斯就好像有两份全职工作，他在学期中进行化学研究，假期里从事鱼类学工作，并且对这两份工作都投入了无限的精力。他开始沿着南海岸开展进一步探索，并成为较小的省级博物馆——当然也包括拉蒂迈小姐的东伦敦博物馆——的荣誉鱼类研究员，他定期访问这些博物馆，对奇怪的鱼类进行分类和研究。他与拖网渔船公司取得了联系，和他们一起出海，在海上度过了好几周。"我经常晕船，只能在起伏的海浪中爬过湿滑的甲板，在一堆被扔在角落里的黏糊糊的废物中找东西。"野外考察是他最快乐的时光，他常穿着宽松的卡其色短裤和凉鞋，那双锐利的蓝眼睛在太阳下微眯着，头发剪得很短，看起来像男孩子甚至是军人的发型。

与此同时，史密斯开始研究化石鱼类。他坦言："这可能是所有科学领域中最引人入胜的；但我的生活已经排得太满，让我不敢沉迷于此。然而，过去那些奇异的生物不断地在我的脑海中飞来飞去，让我感到痛苦，因为我知道它们已经永远消失了，再也看不到了。"显然他当时并不知道，他生命的前40年为发现空棘鱼做了完美的铺垫。

1934年，一名大学新生来到了史密斯的化学课堂。玛丽·玛格丽特·麦克唐纳（Mary Margaret Macdonald）是一个稳重、受欢迎的女孩，她是个好学生，尤其在化学方面。她是家中最小的女儿，父亲是新西兰裔医生威廉·奇泽姆·麦克唐纳（William Chisholm Macdonald），母亲名叫海伦·伊夫琳·宗达赫（Helen Evelyn Zondagh），是开普敦殖民地的第一位女市长，也是沃特雷克（Voortrekker）领导人约翰尼斯·雅各布·尤伊斯（Johannes Jacob Uys）的后裔。她的高祖母14岁时就在血河战役（Battle of Blood River）中用斧头劈开了一个男人的脑袋，原因是他试图爬到她的马车下面偷袭。玛格丽特是开普省因兑高中（Indwe High School）的学生会主席，此外还担任辩论协会主席、英式篮球队和网球队的队长。她还是一名才华横溢、训练有素的歌唱家和演奏家，多次在当地的音乐节上获奖。她下定决心追求事业上的成功，第一步就是在罗得斯大学获得物理和化学学位。在这里，她认识了富有魅力的史密斯博士。

刚开始她很怕他，后来她承认，直到大三时她才意识到他也是一个人。正如她对作家兼摄影师彼得·巴尼特（Peter Barnett）所说："教授要求的工作和行为标准远远高于正常人的能力，所以他以前的许多学生如今都是成功人士。他们经常回来看望他，和他成为朋友，经常拿学生时代被史密斯折磨的事情开玩笑。他的学生分成两派，一派是喜欢他的，一派是不喜欢他的。在他自己看来，喜欢他的人就是那些用功的人。他特别强调'用功'（Work）的开头字母要大写。他会刁难那些不喜欢他的人，而且绝不在他们身上浪费时间。"

玛格丽特念大二的时候，史密斯向她求婚。"哦，不，你不会想跟我结婚的。"她拒绝了他。然而，在她毕业后，他又拖着她去了约翰内斯堡（Johannesburg），坚持要她嫁给他（他们的儿子威廉说："爸爸想做的每件事都能如愿以偿。"）。在他们结婚时，史密斯告诉他年轻的妻子，虽然他不能保证她会幸福，但他可以保证她永远不会感到无聊。他俩的生日都是 9 月 26 日，这使得威廉长到很大了还以为所有父母的生日都在同一天。

玛格丽特·史密斯（她婚后开始用玛格丽特称呼自己，她坚持认为玛丽·麦克唐纳听起来不错，但玛丽·史密斯听起来就有点严肃了）是一位聪明而富有同情心的女性。她能和她认识的每个人成为朋友。她很漂亮，面容坚毅，一双深灰色的眼睛坚定而明亮。结婚时她只有 21 岁，比史密斯小 19 岁。也许是为了掩饰年龄差距，史密斯坚持不让她化妆，并让她把头发扎成一个严肃的发髻。他还让她放弃了音乐，这本是她最大的爱好之一。他常说："音乐会刺激情绪，我的生活容不下它。"

史密斯的上一次婚姻留下三个孩子——罗伯特、塞西尔（Cecile）和雪莉（Shirley），他们只比玛格丽特·史密斯小几岁，和这位年轻的继母成为好朋友。[1]她将一生奉献给了史密斯还有他的工作，成为难缠丈夫的完美陪衬。她叫他伦（Len，他的第二个名字叫伦纳德［Leonard］，但其他人都叫他 J. L. B 或博士）。史密斯身体虚弱，她却很强壮；她的耐心和他的暴躁，她的温情和他的冷漠，也都刚好互补。"这是一段很棒的婚姻，"威廉·史密斯回忆道，"他们对彼此有着难以置信的尊重。他们各自拥有对方需要的东西，而且两个人在一起很快乐——如果爸爸能感觉到快乐的话。我不确定像他这样的人会不会感到快乐。也许这就是他们俩了不起的地方。"

从他们结婚的那一刻起，玛格丽特和史密斯就组成了一个团队，他们一起工作，一起生活，一起实现梦想，直到史密斯去世。这不是一件容易的事：史密斯总是分派复杂的工作给妻子，她完全没有分心与争辩的余地。虽然玛格丽特是一个非常聪明

1　有关史密斯的大量档案中都没有提及史密斯的第一任妻子，亨丽埃特·皮纳尔（Henriette Pienaar）。大家都说，这是一段不匹配的婚姻：她来自开普敦省西萨默塞特（Somerset West），父亲是一名荷兰改革宗教会牧师。她总是认为她的科学家丈夫很难理解。他们离婚时，罗伯特和塞西尔与父亲留在了格雷厄姆斯敦，而雪莉和母亲住在一起。——原书注

和能干的女人，但她总是不得不屈从于她要求苛刻、自负的丈夫。她曾经说过："女性可以很独立，也可以是被需要的……但不能两者兼而有之。我选择了被需要。"在发现空棘鱼的过程中，她证明了自己的勇气。就好比一块岩石，让史密斯可以用来击退他的怀疑和恐惧。在那之后，她经历了战争年代，参与了丈夫在南非海岸的鱼类采集之旅，成为和他一样的鱼类爱好者。

史密斯不允许战争阻碍寻找空棘鱼计划。他把每一天、每一分钟都投入到工作中，他也不允许身边的任何人懈怠。琼·波特（Jean Pote）从 1966 年开始担任史密斯的秘书，直到他去世。琼形容他是一个"非常严格的监工"。"他不允许茶歇；如果我们想喝茶，就必须把茶放到办公桌旁，这样我们就能一直工作。"她回忆起他是如何拒绝雇用任何抽烟或喷香水的人，坚持在信件刚到的时候就要及时处理，他常说："信就像鱼一样，如果你把它们搁置超过三天，它们就会开始发臭。"

据他的儿子威廉说："他非常没有耐心，难以相处。他专注到令人发指的地步，虽然这是成功的必经之路，但并不是通往幸福的途径。对当时还是孩子的我而言，与这位杰出人士一起生活非常辛苦，我永远也赢不了他，我们之间的冲突没完没了。如果冲突没在我放学回家半小时内发生，妈妈就会过来给我量体温，看我是不是生病了。她像是个大大的枕头，是我们之间的减震器。现在想来，他的行为很可能会伤害到我。所幸并没有发生，然而我也没能让他做出任何改变。"

史密斯夫妇在莫桑比克的平达珊瑚礁（Pinda Reef）捕鱼，摄于 1951 年
（史密斯研究所供图）

关于史密斯那超凡的精神力量，有很多例子可供佐证。他拥有如照相机般的记忆力，他能看懂 16 种语言，会说其中的 8 种。当他第一次去莫桑比克的时候，他只用三周半的时间就学会了葡萄牙语，并且完成了长达一个半小时的脱稿演讲。战争期间，学校的教学工作暂停，也无法出海寻找新鱼，于是史密斯潜心编写了三部化学教科书，这些教科书被改编成多个版本，并被译成多国语言。他的多才多艺也令人惊讶。"有一次我们出去散步，"威廉回忆道，"走到一头正在吃草的雄鹿的下风处时，爸爸让我们停住脚步，然后他把注意力集中在雄鹿身上。很快，那头雄鹿开始四处走

动，显然他让它感到害怕。当他把注意力从雄鹿身上转移开，鹿便回去吃草了。这真是不可思议。"还有一次，他从 50 码（45.7 米）远的地方认出了一个他从未见过的人，是他 50 年没见过的同学的儿子。他是从那人头骨的形状判断出来的。

史密斯虽然内心强大，身体却赢弱不堪。1938 年他与玛格丽特结婚时，医生说他只剩不到 5 年的寿命。但他决心不向死亡屈服。他开发了一套主动对抗疾病的方法。他每天都要走很远的路（据估计，仅在他生命的最后 25 年里，他行走的距离就相当于绕地球两圈）。他还改变了饮食习惯。利用化学知识，他分析了胃是如何运作的，什么东西是什么时候在哪里被消化的，他为自己制订了食谱，这是最早的复合饮食食谱之一。他拒绝将蛋白质和碳水化合物混合食用：他从不同时吃肉和蔬菜，也不会在面包上涂黄油或奶酪。人们认为他疯了。琼·波特回忆说，他吃的三明治通常是两片芝士夹着一些苹果块。摄影师彼得·巴尼特曾在 20 世纪 50 年代陪同史密斯夫妇在非洲海岸进行鱼类采集，他解释道："食物对史密斯一家来说非常重要，就像受训的职业拳击手一样，就饮食而言，没有丝毫妥协的余地。这是一道很好的食谱，但它丢失了饮食的乐趣，一切都是以科学为基础。"

在二战快要结束时，史密斯意识到他已经无法维持这种令人精疲力竭的双重生活。他和玛格丽特变成了"机器"，从早工作到晚。虽然他热爱化学，是一位出色的老师，但他的心思却还是在鱼身上。1945 年 9 月，一个叫布兰斯比·基（Bransby Key）的陌生人找到他，请他写一本关于鱼类的书，并提出预付 1000 英镑的稿酬。他立即向化学系递交了辞职申请，不久后他成功地向新成立的科学与工业研究理事会（Council for Scientific and Industrial Research）申请到了鱼类学教授职位。校方帮他把办公室搬进一栋旧的军事建筑，那是一间用木头和铁皮搭建的棚屋，新成立的鱼类学系将在这里扬帆启航。从那时起，史密斯得以用薪水来追求自己的爱好。

距离发现第一条活着的空棘鱼已经过去了八年，史密斯迫不及待地想去探访它们的家园，找到另一件保存完整的标本。他开始尝试筹集资金来进行一次环绕非洲的长途旅行。他将这次旅行称为非洲空棘鱼海洋探险（African Coelacanth Marine Expedition，ACME）。他邀请来自各个领域的南非科学家组成委员会，召开多次会议，就探险的目标进行了激烈的讨论。然而1948年初，这个计划彻底宣告失败。

放弃并不是史密斯的天性。他全神贯注于自己的使命，无论如何都要完成。他改变了计划：如果不能亲自到空棘鱼那里去，那么就让空棘鱼来找他。一些人已经联系过他，声称他们在非洲南部海岸的不同地方见过空棘鱼。其中几个案例的描述非常可信，让史密斯对未来找到空棘鱼非常乐观。当然，他相信，如果他能把空棘鱼这个词传播得足够远，另一件标本的出现就只是时间问题。他说服科学与工业研究理事会和罗得斯大学出面担保，给最先捕到空棘鱼的两个人颁发100英镑奖金。拉蒂迈小姐在东伦敦博物馆安排了一场空棘鱼主题特展，并把获得的筹款交给史密斯，用来制作数千份传单。这些传单上印有鱼的照片，并且写明了悬赏金额，被翻译成法语和葡萄牙语，以各种可能的方式在东非海岸四处分发。史密斯对此寄予厚望。

悬赏

100 英镑

仔细看看这条鱼。它可能让你发大财。注意特殊的双重鱼尾和鱼鳍。科学界保有的唯一一个体长度为 5 英尺（152 厘米）。有人看到过它的同类。如果你有幸捉到或发现一条，千万不要以任何方式切割或处理它，请立刻把它完整地送到冷库，或某个可以负责处理标本的官员处，让他立即发电报给南非共和国格雷厄姆斯敦罗得斯大学的史密斯教授。罗得斯大学和南非科学与工业研究理事会担保，最先提供标本的两个人，每人将得到 100 英镑的奖励。如果你找到两条以上这样的鱼，请把它们都妥善保存起来，因为每一条对科学研究都至关重要，同时你将获得丰厚的酬劳。

与此同时，史密斯继续研究南非鱼类。他还意识到，为了更好地了解这些鱼，他必须同时研究东非的鱼类，因此他和玛格丽特随同一群艺术家开始了一系列海岸探险，从莫桑比克一路向北到达肯尼亚。不久后，自学成才的玛格丽特明显能比任何一名艺术家更好地按照史密斯的要求来绘制标本。她成为丈夫手下的首席画师，并在此后的合作中一直保持着这样的地位，为几千种鱼类绘制了美丽精致的水彩画。

PREMIO   £ 100   REWARD
RÉCOMPENSE

Examine este peixe com cuidado. Talvez lh e dê sorte. Repare nos dois rabos que possui e nas suas estranhas barbatanas. O único exemplar que a ciência en controu tinha, de comprimento, 160 centímetros. Mas já houve quem visse outros. Se tiver a sorte de apanhar ou encontrar algum NÃO O CORTE NEM O LIMPE DE QUALQUER MODO — conduza-o imediatamente, inteiro, a um frigorífico ou peça a pessoa competente que dele se ocupe. Solicite, ao mesmo tempo, a essa pessoa, que avise imediatamente, por meio de telgrama o professor J. L. B. Smith, da Rhodes University, Grahamstown, União Sul-Africana.

Os dois primeiros especimes serão pagos à razão de 10.000$, cada, sendo o pagamento garantidó pela Rhodes University e pelo South African Council for Scientific and Industrial Research. Se conseguir obter mais de dois, conserve-os todos, visto terem grande valor, para fins científicos, e as suas canseiras serão bem recompensadas.

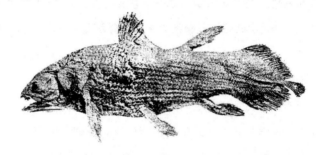

COELACANTH

Look carefully at this fish. It may bring you good fortune. Note the peculiar double tail, and the fins. The only one ever saved for science was 5 ft (160 cm.) long. Others have been seen. If you have the good fortune to catch or find one DO NOT CUT OR CLEAN IT ANY WAY but get it whole at once to a cold storage or to some responsible official who can care for it, and ask him to notify Professor J. L. B. Smith of Rhodes University Grahamstown, Union of S. A.. immediately by telegraph. For the first 2 specimens £ 100 (10.000 Esc.) each will be paid, gua ranteed by Rhodes University and by the South African Council for Scientific and Industrial Research. If you get more than 2, save them all, as every one is valuable for scientific purposes and you will be well paid.

Veuillez remarquer avec attention ce poisson. Il pourra vous apporter bonne chance, peut être. Regardez les deux queuex qu'il possède et ses étranges nageoires. Le seul exemplaire que la science a trouvé avait, de longueur, 160 centimètres. Cependant d'autres ont trouvés quelques exemplaires en plus.

Si jamais vous avez la chance d'en trouver un NE LE DÉCOUPEZ PAS NI NE LE NETTOYEZ D'AUCUNE FAÇON, conduisez-le immediatement, tout entier, a un frigorifique ou glacière en demandat a une personne competante de s'en occuper. Simultanement veuillez prier a cette personne de faire part télégraphiquement à Mr. le Professeus J. L. B. Smith, de la Rhodes University, Grahamstown, Union Sud-Africaine.

Le deux premiers exemplaires seront payés à la raison de £ 100 chaque dont le payment est garanti par la Rhodes University et par le South African Council for Scientific and Industrial Research.

Si, jamais il vous est possible d'en obtenir plus de deux, nous vous serions très grés de les conserver vu qu'ils sont d'une très grande valeur pour fins scientifiques, et, neanmoins les fatigues pour obtantion seront bien recompensées.

史密斯教授发布的征集拉蒂迈鱼标本的悬赏海报

（史密斯研究所供图）

这些探险之旅也是寻找空棘鱼的绝佳机会。他们每到一个地方，都会询问当地人有没有见过这种奇异的鱼，并且把消息和悬赏海报散布到每一个渔村。在莫桑比克附近的巴扎鲁托岛（Bazaruto），一个渔民在和史密斯交谈时声称他几年前捕到过一条这样的鱼，他的描述听起来与空棘鱼极为吻合。这显然是指示空棘鱼行踪的正面迹象，遗憾的是，这也是唯一的迹象。

大约同一时间，在世界的另一边，距离史密斯重点搜寻的西印度洋非常遥远的地方，首次浮现出一连串暗示空棘鱼的确秘密存在的线索。1949年的一天，位于华盛顿的美国国家自然历史博物馆鱼类部的艾萨克·金斯伯格博士（Dr. Isaac Ginsburg）收到了一个小包裹。一位来自佛罗里达州坦帕市（Tampa, Florida）的女士寄来一枚不同寻常的鱼鳞，大约一美元硬币大小，和他以前见过的任何鱼鳞都不一样。这位女士解释说，她经营一家纪念品小店，贩卖用鱼类材料制成的手工艺品，其中许多是她自己用在海滩上拾来的物品制作的，包括一些漂亮的贝壳和鱼鳞。不久前，当地一个渔夫走进她的商店，卖给她一大桶奇怪的鳞片。出于好奇，她决定把其中一片寄到博物馆进行鉴定。

金斯伯格把这枚鳞片的内外两面反复看了又看。他感到困惑：他也从来没有见过这样的鱼鳞，已知生存在墨西哥湾或者美国任何水域的鱼类都不会有这样的鳞片。他给纪念品商店回信，询问更多的细节，但消息从此石沉大海，这条线索断了。他开始认为这个鳞片属于一种远古的鱼，可能是一种总鳍鱼类，而且很可能是空棘鱼。截至1949年，科学界发现的空棘鱼只有一条，那便是拉蒂迈鱼，有关它的鳞片已经有了详细的报告。

不过，史密斯并没有因此分心。《非洲南部的海洋鱼类》（*Sea Fishes of Southern Africa*）一书于1949年7月出版，不到三周便售罄。在致谢部分，史密斯对玛格丽特赞赏有加："我妻子从一开始就是我的全职研究伙伴，她是艺术家，是顾问，是缓冲器，是评论家和秘书，还是最有技巧的捕鱼者之一，开发制作了许多便捷的工具。她与我患难与共，在我失去勇气的时候支持我。没有她的鼓励、活力和不屈不挠的热情，这项工作就不可能按时完成。"这本书很快再版，在第二年继续发行，并再次受到了极大的欢迎。

20世纪50年代早期，史密斯夫妇又开始了一连串的寻鱼之旅，为接下来要撰写的非洲南部的鱼类书籍展开进一步研究。有一次，他们带着年轻的英国摄影师彼得·巴尼特去了莫桑比克，巴尼特后来写了一本书，生动记录了这段冒险经历。

在这本名为《与史密斯教授一起出海探险》（*Sea Safari with Professor Smith*）的书中，巴尼特不无感慨地表示，与一个非凡的、从不妥协的人同行，真是让人筋疲力尽。"赞美绝不是史密斯教授的习惯，"巴尼特写道，"因为他说：'当一台发动机正常运转时，不需要修理它，也不用评论。但一旦出现问题，就必须整顿一下，让它恢复到完美的状态。'……无论我做什么，我都会被教授惊人的坚定意志所困扰……我开始对这个人有了更多的了解，他极端地自负、高傲，是因为他清楚了解自己的才智。"

他对史密斯一丝不苟的守时习惯印象深刻:"对于史密斯这样的人来说,如果有人比约定的时间——比如凌晨3点15分——晚1分钟到达,那么合乎逻辑的结论一定是:'为什么不把会议安排在凌晨3点16分或4点16分呢?'史密斯认为,人类与其他物种的不同之处在于时间观念。他不认为女人是人类,因为她们不怎么守时。是的,他很守时,不戴手表也可以做到。"巴尼特说:"他也非常有条理:史密斯教授和刘易斯·卡罗尔(Lewis Carroll)一样,给每封信编号,把所有的东西归档,还把旅行时携带的50多箱行李里的所有物品全部列了清单,就连最小的装大头针的盒子也包括在内。打个比方,他的单子上会写'48号盒子,右下方四分之三处,镊子'。"

在沿着海岸行进的过程中,巴尼特发现史密斯夫妇"对鱼类非常痴迷,但我很快就意识到,他们关注的焦点全都在空棘鱼上"。他提到,他们总是随身携带一捆捆悬赏海报,让人们可以频繁地在各港口的布告栏上看到这些海报,在这些地方,空棘鱼被称为"价值100英镑的鱼"。"他俩不厌其烦地跟每个人谈论这件事,史密斯说,100英镑能够跨越任何语言障碍。"

他们到达港口后,通常会先直奔鱼市,去看带网的渔船和渔栅,然后才是挑选鱼以及讨价还价。他们自己采集时,玛格丽特划船,史密斯指引方向。当他们到达史密斯认为合适的地点时,他会把炸药扔进水里,由玛格丽特潜入水中收集死鱼。因为史密斯不喜欢浑身湿透的感觉。巴尼特写道:"我相信,他和夫人甚至不会像徒步旅行那样,用正常的方式享受他们的探险之旅,他们忙碌生活中的乐趣来自达成目标时内心的满足和成就感，所遭遇的艰难与追求科学知识比起来不值一提。"

巴尼特很快了解到，教授夫妇期望他也能达到相同的境界。"一天午饭后，我正坐在柳条编的椅子上，教授突然走来问我：'你没有什么工作要做吗？……竟然在休息？'"他用无法理解的语调继续说："你睡觉的时候是在休息，你死的时候会永远休息，其他时间我们都得工作。"一切都要以最快的速度完成："史密斯夫妇走得很快，他们所持的理论是，步行是一种移动方式，他们必须从移动中获得锻炼的好处，以免浪费时间。"

巴尼特对史密斯夫妇的专业态度和奉献精神心怀敬畏，几个月的时间里，他尽心尽力地为这次探险的标本做编目工作。有一次，史密斯斥责他工作不够努力，并说如果他不振作起来，就应该离开探险队。巴尼特总算坚持下来，但当他离开时，"教授没有挥手道别"。

1952年，在距离史密斯第一次发誓说要找到另一条空棘鱼的14年后，史密斯夫妇又前往东海岸开始了另一次探险。他们因为找不到空棘鱼的踪影而倍感挫折。他们甚至搜遍了最小的渔村，但除了悬赏海报依然醒目外，没有遇到任何认识空棘鱼的人，只有巴扎鲁托岛那唯一可能的目击案例。即便如此，史密斯依然坚信它的存在，它在某个地方等待着被人发现——要是他知道该到什么地方去寻找就好了。

第四章　马兰鱼

"我想知道那条该死的鱼在哪儿。来吧，亲爱的，我们去科摩罗。"史密斯夫妇站在莫桑比克的德尔加多角（Cape Delgado），眺望着印度洋，目光落在洋流分叉的地方，其中一支沿着海岸向南流向洛伦索－马贵斯（Lourenço Marques，马普托的旧称）、德班（Durban），最终到达东伦敦。史密斯时常提到他想在科摩罗群岛（Comoro Islands）寻找空棘鱼的愿望。科摩罗群岛是一组遥远的火山群岛，位于莫桑比克海峡的北端，莫桑比克和马达加斯加（Madagascar）之间。数百年来，这四个小岛一直是阿拉伯的贸易站，被好战的苏丹们统治。1946 年起，科摩罗群岛成为法国殖民地，但很大程度上仍然是一个被遗忘的边远地区，没有受到 20 世纪世界剧变的影响。他渴望去探索岛上著名的珊瑚礁，但这些岛屿离非洲大陆太远，不便坐船抵达。这一次，和以前一样，玛格丽特设法劝阻了他。

史密斯夫妇 1952 年长途科考时在桑给巴尔岛（Zanzibar，位于坦桑尼亚东北沿海）停留了几周，收集鱼类标本。在他们停留的最后几天，当局请他们展示在此地发现的有趣鱼类。现场

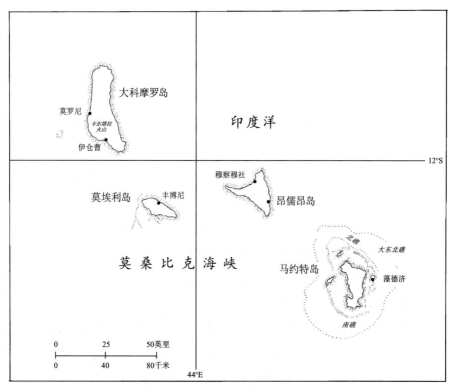

科摩罗群岛地图

（薇拉·布赖斯绘）

挤满了当地民众、外交官员和船员，他们都渴望看到这位大名鼎鼎的教授捕获的猎物。下午晚些时候，史密斯夫妇的一个朋友来了，带来了埃里克·亨特（Eric Hunt），他是一个热心的业余鱼类学家，也是一艘贸易帆船的船长。当英俊迷人的亨特（常被形容为澳大利亚男星埃罗尔·弗林［Errol Flynn］的翻版，只是个头矮点）被介绍给玛格丽特后，他们开始兴致勃勃地谈论起鱼来。

当亨特转身准备离开时，他捡起了一张空棘鱼的传单。"你认为这种鱼会在科摩罗出没吗？"他问玛格丽特。"科摩罗！"她反问道，"你为什么要问到科摩罗呢？"他解释，他经常沿着海岸航行，在桑给巴尔岛和科摩罗群岛之间进行当地农产品、鱼干和鲨鱼的贸易，这两个岛屿在印度洋中相距几百英里。玛格丽特告诉他："我认为在科摩罗发现这种鱼的可能性很大。我丈夫甚至觉得科摩罗是唯一可能发现它的地方。"亨特指着那堆传单问道："那我可以拿一些吗？如果科摩罗总督的臣民能得到这样大的一笔奖励，他们一定会很高兴的。"

两个月过后，经历了多次出海捕鱼旅行，史密斯的船在返回南非途中再次停靠在桑给巴尔。玛格丽特上岸去逛熙熙攘攘的市场，当她返回码头时，亨特站在他那艘整洁的帆船"杜瓦罗号"（N'duwaro，斯瓦希里语，意为枪鱼）上跟她打招呼。他说，他刚从科摩罗回来，给法国人总督看了传单，总督很感兴趣，并立即组织原住民在各个小岛散发传单。亨特充满了激情。这个任务激发了他性格中冒险和浪漫的一面，令他迫不及待地参与其中。

亨特船长与悬赏海报，1952 年摄于科摩罗。由于长期受皮肤干燥的困扰，
亨特船长在很多照片中都有舔嘴唇的动作（史密斯研究所供图）

　　亨特是一个纯粹的冒险家。他 1915 年出生在东辛（East Sheen）一个受人尊敬的家庭，东辛是伦敦西南部一处绿树成荫的郊区。1935 年，他前往东非定居。他曾做过一段时间汽车修理工，在维多利亚湖上经营过渡轮。二战爆发时，他加入了皇家机电工程师团（Royal Electrical and Mechanical Engineers），在阿比西

尼亚（Abyssinia）和东非服役，直到战争结束，后来因为英勇表现受到嘉奖。

1946年，亨特开始了海上贸易。他在桑给巴尔建立了基地，驾驶越来越大的船只往返于西印度洋海岸和近海岛屿，运送茶叶、咖啡、香料、布料和丁子香。无论他走到哪里，大家都很喜欢他。他相貌英俊，略带腼腆，举止文雅。他的船一直保持着完美的状态，他对他的船员既慷慨又尊重。和史密斯一样，他对鱼的热爱源于钓鱼这一爱好。多年来，他越来越沉迷于收集鱼类，丰富自己的水族馆，并研究它们的行为。1952年，他与史密斯一家偶遇，得知了这个寻找空棘鱼的机会，这给他带来了他一直渴望的那种刺激体验。

他向史密斯夫人提出了很多有关空棘鱼的问题：他该如何识别空棘鱼，如果发现了一条空棘鱼又没有福尔马林，他该怎么办。对于后者，她回答说，他应该把它腌一下，就像他腌制鲨鱼那样。他一边挥手告别，一边喊道："好的，史密斯夫人——如果我得到一条空棘鱼，我就给你发电报。"他们相视而笑。

圣诞前夕，搭载史密斯夫妇沿海岸航行的大型联合城堡公司邮轮"邓诺特城堡号"（Dunnottar Castle）停靠在德班港。天气热得让人窒息，尽管假日里气氛沉闷，但南非最著名科学家的到来，让人们兴奋不已。朋友们和记者们蜂拥上船，探听这次探险的最新消息。史密斯收到了一大堆电报，他注意到其中一封是从格雷厄姆斯敦发来的，上面用红色贴纸标注着"紧急"。当时他正

在和一位记者谈话，在谈话的间隙，他漫不经心地拆开了这封紧
急邮件。随后他的反应和当初收到拉蒂迈第一封信的时候一样。
他突然站了起来，说不出话。"'空棘鱼'和'亨特'这两个词格
外醒目。"他在《老四足鱼》中写道。玛格丽特惊讶地抬起头，
从他手里接过了电报。

　　　　转发电报：
　　　　这里有长 5 英尺（152.4 厘米）的空棘鱼标本
　　　　已注射福尔马林
　　　　20 日宰杀
　　　　亨特
　　　　藻德济[1]

史密斯思绪飞扬。他不知道藻德济（Dzaoudzi）在哪儿，但是他
知道，如果想要避免拉蒂迈鱼软组织损失的悲剧再度上演，他必须
尽快赶到那里。从鱼被杀死到现在已经过去了四天，时间不多了。
　　史密斯让一名年轻军官查出藻德济的位置。这名军官跑开了，
过了一会儿带回消息：藻德济是科摩罗马约特岛（Mayotte）附近
一个小岛。果然是在科摩罗！现在史密斯必须想办法抵达那里：没
有任何商业航空公司飞到这些岛屿，而坐船太浪费时间了。他唯一

---

[1] 早些时候，亨特将这封电报发到了格雷厄姆斯敦的史密斯办公室。史密斯的秘书收到
后，将电报内容转给了在"邓诺特城堡号"上的教授。——原书注

的选择是，租一架飞机。

他站在"邓诺特城堡号"的驾驶台上，征用了唯一的电话，开始工作。首先，他起草了一封给亨特的电报：

> 送到最近的冷藏室
> 注入尽可能多的福尔马林
> 电报确认标本是安全的
> 史密斯

然后他尝试联系科学与工业研究理事会主席 P. J. 迪图瓦博士（Dr. P. J. du Toit），却发现他已经离开办公室去度假了。史密斯在脑海里快速过了一遍内阁成员的名单，其中一些他认识，于是他决定先试着联系经济事务部长埃里克·劳（Eric Louw）。史密斯这样写道："从他脸上的皱纹看，他的十二指肠可能和我的一样扭曲，眼睛一样长有黄疸，所以他和我对圣诞节的看法应该是一样的。"然而，劳却在美国。史密斯又尝试联系多涅斯（Donges），一个在斯泰伦博斯求学时的老朋友，也是内政部长。终于，在他在开普敦下火车时联系上他，他说虽然自己很想帮忙，但遗憾的是他目前在开普敦，又赶上圣诞节，实在爱莫能助。他建议史密斯联系马兰总理（全名是丹尼尔·弗朗索瓦·马兰［Daniel François Malan］）。

史密斯开始并不想采纳这个建议。几年前，他曾试图与当时的总理斯马茨将军交谈，试图得到他的帮助，前往非洲西南海岸的鲸湾（Walvis Bay）。数以百万计的死鱼被冲到海滩上，它们是浮游生物造成的赤潮的受害者，史密斯急切地想要去收集标本。他前往斯马茨在开普敦的官邸，要求紧急会面，但斯马茨拒绝见他。从那时起，史密斯对总理产生了一种不信任感。

因此，史密斯最初并没有给马兰打电话，而是尝试联系运输部长、国防部长和武装部队的负责人。但这个时候已经是圣诞假期，几乎不可能联系到任何人（"为什么空棘鱼总是在圣诞节前后出现？"他写道。）。像 1939 年的圣诞节一样，史密斯根本无法入睡，他被双重恐惧折磨着：随着时间的流逝，空棘鱼可能正在腐烂；或者更糟糕的是，它根本不是空棘鱼。他意识到，自己正把事业全押注在一个从未见过空棘鱼的外行人的话上。

节礼日那天，亨特又发来了一封电报：

> 立刻租飞机过来
>
> 当局想要标本
>
> 如你亲自过来他们愿意给你
>
> 已付给渔民奖金确定意向
>
> 已注射[1]5 千克福尔马林
>
> 无冷藏库
>
> 标本和你那条不同

1　电报原文为 inspected（检查），可能是 injected（注射）的误写。——原书注

无前背鳍和尾部残余

但鉴定结果明确

亨特

史密斯的脑子嗡嗡作响："我意识到我当时处于一种被魔鬼附体的状态。"他担心自己的鱼：尽管他确信自己拥有所有权，但他知道，如果法国人认定这条鱼是他们的，他也无能为力。他需要一架飞机，立即，马上。史密斯迫切想亲眼看看这条鱼。

绝望的史密斯知道他只剩最后一个机会了；他试遍了所有可能，现在必须克服他内心的不情愿，去请求马兰博士——这位原教旨主义、反英、笃信宗教的总理——的帮助了。史密斯与前总理斯马茨有过一段不愉快的经历，斯马茨尽管自称科学爱好者，但却不愿意见这个国家最杰出的科学家，更别说提供免费的国内航班了。尽管如此，史密斯意识到自己别无选择，只能放手一搏。史密斯找来了当地的国会议员弗农·希勒博士（Dr. Vernon Shearer），他们一起打电话到总理在开普敦附近的度假别墅。

希勒和总理夫人取得了联系，得知马兰博士已经上床睡觉了，而她不想打扰他。"1952 年 12 月 26 日晚上 10 点半，可能是我生命中的最低潮，"史密斯以他惯用的悲观语气写道，"时间的沙子正在流逝，命运正在把我榨干，从我残破不堪的身体里榨出最后一滴灵魂……我到底该怎么办？已经没有希望了。"

突然电话铃响了。希勒接起电话，说了几句，然后冲着史密斯大喊："快，教授，马兰博士！马兰博士要跟你说话！"史密斯激动地接过听筒，只听对方说道："教授，我是马兰的太太，马兰博士想与你讲两句话。"这时，电话里传来熟悉的声音，是用英语说的。"教授，晚上好，关于你的故事我已经听说了一些，但是请你尽可能给我一个完整的总结。"史密斯开口了，他坚持用南非荷兰语（Afrikaans）做阐述，尽管他在一些专业术语上有点磕磕绊绊。"我简要地向他讲述了东伦敦那条鱼奇妙的发现过程以及软组织损失的悲剧，也讲述了我漫长的探索和最近的发现，最后提出了我的需求。藻德济地处偏远，气候炎热，我担心鱼会腐烂。"史密斯解释说，这次捕到的有可能不是空棘鱼，但他认为这绝对是值得冒险的。他说，在他看来，这是一个国家声望的问题——南非有权利也有责任处理这条鱼。

他讲了12分钟。马兰总理认真地听着，等他讲完后，他用南非荷兰语向他道贺。"你的故事很精彩，"总理继续说，"看得出这是一件非常重要的事情。不过今天已经太晚了，明早我要做的第一件事就是设法联系国防部长，让他找一架合适的飞机把你送到你想要去的地方。"

史密斯回忆道："当放下听筒的时候，我感到一阵头晕目眩，就像一个在刑场上的人突然被宣布赦免了一样，仿佛一瞬间从地狱的深渊被拉到了天堂的山顶。"他对马兰的积极反应感到吃惊，尤其是考虑到他是一个有着英式姓名的科学家，甚至还就职于英国色彩浓厚的罗得斯大学。

后来，史密斯才知道那晚究竟发生了什么。电话铃响后，马兰夫人认为最好不要吵醒她的丈夫。然而，他听到了电话响，在床上问是谁。她简单地解释了一下，马兰点了点头，说："史密斯这个人很有名。把那本鱼类的书帮我拿来。"几个月前，史密斯把《非洲南部的海洋鱼类》一书寄给了总理，也许是命运使然，马兰夫人把它带到了他们度假的海滨别墅。那天晚上，马兰翻开这本书，读了有关空棘鱼的部分。然后他合上书，轻敲着书的封面说道："写这本书的人是不会在这种时候来找我帮忙的，除非事情非常非常重要。我要跟他谈谈。"

史密斯忙了一整夜，准备可能需要的物品清单：食物、衣服、一个普里穆斯（Primus）露营炉和他的工具箱——装有收集工具、备用零件、医疗设备和渔具的柚木盒子。他还设法找到了两加仑福尔马林，放到他的旅行装备中。到了早上，一切准备就绪。他去码头跟玛格丽特告别——她将搭乘"邓诺特城堡号"回家——然后回到希勒家等总理的消息。当天下午3点半，史密斯收到了一条消息，说航线已经畅通，一架达科塔式军用飞机将于次日拂晓抵达德班接他。他立刻给亨特发了一封电报：

　　等我
　　政府派了飞机

那天晚上史密斯设法睡了三个小时，但天还没亮他又醒了。在机场他见到了搞不清状况的机组人员。史密斯对迷惑不解的布劳（Blaauw）中校说："我敢打赌，当你加入南非空军时，你从来没有想过有一天会指挥一架飞机去接一条死鱼。"他带着他的箱子和几加仑的液体爬进了这架内饰简陋的军用飞机，他坚称这些用品是必需的。随后飞机开始了它的第一段旅程。机舱后排噪声很大，让史密斯感到不适。但他对即将看到空棘鱼感到既兴奋又紧张：布劳中校告诉他，虽然飞机已经获准飞到科摩罗，但他们还没和岛上的任何人取得联系。事实是，他们甚至无法查明科摩罗是否有一条可供着陆的跑道。他们只能先飞过去，然后见机行事。

飞机停在洛伦索－马贵斯加油，然后继续向北飞往莫桑比克岛。后来，史密斯发现获得洛伦索－马贵斯的降落许可并非一帆风顺。前一天凌晨2点，德班防空司令部通过刺刺拉拉的无线电跟洛伦索－马贵斯的一名政府官员通话。他请求对方允许一架来自南非的军用飞机通过该地区，并在空军基地加油。"收到，"对方问道，"这次飞行的任务是什么？"

"去拿一条鱼。"

"我没听错吧，一条鱼？"

"是的，一条鱼。"

"你是说那种有鳞片的东西吗？"

"是的。"

"你真的认为我们的政府会相信吗？你一定觉得我们都是笨蛋——难道你就不能编一个更好的故事来解释，为什么你想坐军用飞机穿过我们的领土吗？"

就这样，奇怪的对话继续着。洛伦索－马贵斯的这名官员最终同意向葡萄牙人总督申请许可，不过他没想到的是，这位总督是史密斯的朋友，他立即得到了许可。

　　机组人员在莫桑比克北部海岸附近湿热的莫桑比克岛度过了一个夜晚，那里也是史密斯熟悉的捕鱼地点。又度过了一个不眠之夜，当飞机在第二天黎明起飞时，史密斯极度焦虑和紧张。他把自己的一生都押在了这次飞行上，如果结果是一条假信息，他会遭到世人的嘲笑，事业也将毁于一旦。飞机低空飞过莫桑比克海峡，不久就看到了科摩罗四岛中的第一个。从空中俯瞰，它们就像绿宝石，被郁郁葱葱的植被覆盖着，周围是一圈海蓝色的珊瑚，几百码之外，就是深蓝色的海洋。每个岛屿上都有许多座山，在最大的大科摩罗岛（Grande Comore）上，史密斯一行看见了世界上最大的活火山——卡尔塔拉（Karthala）火山。那里几乎没有任何文明的迹象——只有一些小村庄，或是聚集在山边，或是荫蔽在海岸边高大的棕榈树下。在波光粼粼的海面上，有一些斑点状的小独木舟，船桨像是张开的双臂。最遥远的岛屿是马约特岛，形状像海马，旁边就是藻德济。但他们仍然无法通过无线电与科摩罗取得联系。

　　飞机开始降落，绕着岛屿盘旋，伯格中尉做出两个大拇指向上的手势，因为他看见了飞机跑道。史密斯向窗外望去，看到远处有一艘小船在港口那里上下浮动。当他意识到那一定是亨特的"杜瓦罗号"时，他感到一阵兴奋，因为他的空棘鱼就在船上！

　　飞机在布满轮胎凹沟的跑道上颠簸着陆，随即下起了倾盆大雨。"雨突然停了，就像水龙头被关掉一样，雾气也散开了，一些人踩过地上的珊瑚碎屑跑过来。"史密斯写道,"门开了,在一股热浪中,我看到亨特正抬头看着我。我一时竟说不出话来;接着,积蓄已久的情绪随着'鱼在哪里?'这句问话喷涌而出。"亨特向史密斯保证他的鱼是安全的,并带着他去拜访总督。史密斯显然只想先看看这是不是真的空棘鱼,但亨特坚持要他先跟法国人打招呼。亨特认为,穿着耀眼的热带白色制服的皮埃尔·库代尔(Pierre Coudert)总督,非常热切地想要见到这个成功说服总理派飞机去运鱼的人。

"我经常为必须向官僚致敬而感到痛苦,"史密斯写道,"那是一种折磨,我内心的怒火在熊熊燃烧,让这些见鬼的礼节去死吧!我忍受了我所经历的一切,长途跋涉来到这里,可不是为了在这一刻和总督客气地交谈。我只想要做一件事,就是看看这条鱼,看看我到底是傻瓜还是先知。"

他们这一群南非人被一一介绍给大家认识,长桌上摆满了食物和饮料。但史密斯再也忍受不了了,他咬紧牙关,向总督道谢,非常恭敬地询问总督是否可以检查完鱼后再回来参加宴会。在得到同意后,他立刻飞奔向汽车,然后开往码头,登上了亨特的双桅纵帆船。

亨特指向桅杆旁一个棺材状的大箱子,让船员打开。鱼在里面,被一整团木棉纤维覆盖着。"我仿佛身陷恐惧和痛苦的洪流,说不出话,也动弹不了。"史密斯回忆说,"他们都站在那儿盯着我,可是我整个人仿佛受了巨大打击一般,不敢去触碰它,只能示意他们除去那些覆盖物。"

"上帝，是的！它是真的！我先是看到了那些大鳞片上明显的小瘤点，然后是头部的骨片，带刺的鱼鳍。这是真的！马兰总理不会因为此次行动而后悔，感谢上帝！它真的是空棘鱼。我跪在甲板上以便让自己看得更清楚。当我抚摸着那条鱼时，我发现眼泪溅到了手上，这才意识到自己在哭泣，但我并不为此感到丢脸。我花了生命中最美好的14年寻找它，这是真的，是真的！它终于出现了。"

史密斯很希望能留下来，花上几小时来抚摸这条鱼，机组成员们也非常乐意在这个美丽而未经破坏的岛屿上多待一会儿。但史密斯很紧张，因为他不确定自己是不是能够成功带走这条空棘鱼。恐惧促使他立即采取行动：他小心翼翼地把鱼从箱子里取出来，摆好姿势拍照，随后迅速地检查一番，记录了它的长度（4英尺6英寸，约1.4米），它失去了第一个背鳍，尾巴也被截断了。毫无疑问，它的的确确是一条空棘鱼，但史密斯猜测它是另一个种。

当史密斯做这些事情时，亨特在一旁讲述了充满戏剧性的抢救这条鱼的整个过程。1952年11月底，史密斯的传单已在群岛传遍了。竟然会有人拿这么多钱来换一条鱼，科摩罗人对这件事非常感兴趣，也十分惊讶。12月20日晚上，一个名叫阿哈马迪·阿卜杜拉（Ahamadi Abdallah）[1]的渔民和他的助手苏

---

1 在《老四足鱼》一书中，史密斯写道，这位渔民名叫艾哈迈德·侯赛因·布鲁（Ahmed Hussein Bourou），但当探险家昆廷·凯恩斯（Quentin Keynes）1954年访问科摩罗时，他详细地谈到，那位渔民向他保证，他的名字是阿哈马迪·阿卜杜拉，这与法国官方报告中提到的名字一致。当凯恩斯向史密斯提出这个问题时，史密斯反驳说："你不应该把法国官员的消息视为可靠的信息来源。"——原书注

哈（Soha），坐着独木舟到多莫尼镇（Domoni）附近的昂儒昂岛（Anjouan）东南海岸捕鱼。他放下长绳，几个小时后，在 160 米深的地方钓到了一条大鱼，他猛击它的头部，把它杀死。阿卜杜拉对自己的收获颇为满意，回到了村庄，把鱼留在了小屋外，没有剥皮也没有取出内脏。

亨特、史密斯和来自南非空军的机组成员。摄于科摩罗藻德济
（史密斯研究所供图）

第二天早上，阿卜杜拉把它带到海滩上。就在他准备开始清洗的时候，当地一位名叫阿法内·穆罕默德（Affane Mohamed）的老师走了过来，他刚巧在附近理完发。穆罕默德（后来成为科摩罗文化部长）认为这条鱼与传单上的鱼非常相似。传单上写得很清楚：不要切割、清洁或剥去鳞片，要立即把它交给能够负责处理

的官员。穆罕默德让阿卜杜拉立刻停下来，并把他带到张贴海报的地方。这个渔夫起初不相信会有人愿意为这条他认为毫无用处的鱼花这么大的价钱，但他还是被说服了，决定至少去试试看。

据小道消息，亨特船长当时正把船停泊在穆察穆杜（Mutsamudu），在岛的另一边。人们都知道，把传单带到岛上，让库代尔总督分发传单的人就是他。传说，阿卜杜拉在酷暑中拖着这条珍贵的重82磅（37.2千克）的鱼徒步走了25英里（40.2千米）的山路。但根据探险家凯恩斯的调查，阿卜杜拉其实在路上设法搭上了一辆公共工程用的卡车，从多莫尼穿过昂儒昂岛抵达了穆察穆杜。

不管他是怎么到那里的，当他找到亨特时，鱼已经开始腐烂了。亨特立刻认出这是一条空棘鱼，并开始想办法把它保存下来。他们四处打听，确认岛上确实没有福尔马林后，亨特命令他的船员按照史密斯太太的建议，切开空棘鱼给它抹盐腌上。他向阿卜杜拉承诺，他会把鱼运送到藻德济，即总督所住的地方，同时还是此地唯一拥有国际通信设备的城镇，然后带着相当于100英镑的5万科摩罗法郎赏金返回。

亨特带着这条鱼和昂儒昂岛的渔民启航，共同前往藻德济。到达后，他联系总督并说明了情况，同时设法找到了一位常年居住在这个地方的法国医生，拿到了一些福尔马林，注射到腐烂的鱼体内。库代尔总督立即给法国在马达加斯加的科学基地发了电报，请求他们的指示，但由于当时正是假期，越洋电报的通信中断而延误了通报。这对史密斯来说是一件绝对幸运的事情，因为如果法国科学家收到消息，他们很可能会宣称这条鱼是属于法国的。然而事实是，库代尔总督没等收到任何回信，便自作主张，并向史密斯保证，如果他亲自来取，这条鱼就属于他。于是，这条空棘鱼就这样被南非取走了。

显然，亨特船长为了替史密斯争取到这条鱼以及说服当局将这条鱼给南非，冒了很大的风险。作为回报，史密斯建议以总理和亨特的名字来共同命名这条空棘鱼，即亨特马兰鱼（*Malania hunti*），但亨特拒绝了。他希望命名时能让法国人分享这份荣誉，因为毕竟是在法国领土上捕到的鱼，他的生计也依赖与法国人的良好关系。于是，史密斯把这条鱼的名字改为昂儒昂马兰鱼（*Malania anjouanae*），用来纪念发现这条鱼的岛屿——昂儒昂岛。

此外，史密斯表示，他准备再出100英镑悬赏下一条空棘鱼，如果鱼还是在法国水域被捕获，就把它让给法国。

库代尔总督对以他掌管的一个岛屿来命名这条空棘鱼的建议非常满意，他说欢迎史密斯夫妇再次前来，研究群岛周围珊瑚礁附近的鱼类。据史密斯说，库代尔非常热情，每个来访者都受到了热情的款待。史密斯写道："但我的夫人却非常担心我没有胃口。摆在我面前的简直是所有小男孩的梦想，一个铺着巧克力糖霜的大蛋糕，可光是看着它，我的肝就不舒服了。"

史密斯和机组成员离开小岛的时间比礼节上适合离开的时间提前了许多，他给玛格丽特、马兰总理和科学与工业研究理事会发了电报，让他们知道那的确是一条空棘鱼，随后一行人便动身前往机场。但由于他们只在岛上待了不到三个小时，史密斯既没有见到捕到空棘鱼的渔夫，也没有遇到那位正确识别出空棘鱼的老师。当史密斯爬上飞机准备返航时，他给了亨特 200 英镑，100 英镑是给那位抓渔民的奖金，其余的钱则用来补贴亨特的开销，同时他还给了亨特有关这次事件的一叠剪报。12 月 29 日星期一上午10 点，达科塔式飞机起飞返回南非。他们刚升到云层的高度，莱特利上尉（Captain Letley）就递了个便条给布劳中校，布劳中校又给了史密斯，上面写道："成功拦截了一条消息，说在我们从藻德济起飞前，有一个中队的法国战斗机离开了马达加斯加的迭戈－苏亚雷斯（Diego-Suarez），受令拦截我们，如果反抗将会采取强制性手段。"史密斯脸色发白，问驾驶员是否能够避开战斗机，他们说避开的可能性不大，因为达科塔式飞机太慢太笨重了。"好吧，"史密斯说，"我不知道你们怎么想，但我不打算回去。如果我们拒绝返航，我相信他们不敢把我们击落，反正我宁愿冒险也不愿意返航。"上尉突然大笑起来，史密斯过了几秒钟才意识到这是个恶作剧。

史密斯走到飞机后部，让自己的注意力从疼痛的耳朵上转移，开始记录这次经历的点滴。过了一会儿，他认为所有人都需要提提神，便走到机舱后方，准备用露营炉灶煮咖啡，好在一名机组成员发现并及时阻止了他，否则鱼就会被炸成碎片。然而，他仍然相信这不会有什么危险。布劳中校告诉史密斯，飞机每飞行 1 小时，政府就要花费 40 英镑。史密斯在脑子里迅速算了一下，假设一切都按计划进行，加上悬赏奖金和支付给亨特的费用，把这条鱼运回南非将至少花费 1000 英镑。这条鱼将是世界上最贵的鱼——如果以现在的币值换算，差不多每盎司价值 12 英镑。

机组成员在洛伦索－马贵斯加油后，于星期二清晨 6 点 45 分再次起飞，开始了最后一段旅程。他们凌晨 3 点就醒了，心中对这次任务的成功充满了喜悦和满足。虽然第一次见面时大家表现得很冷淡，但现在他们开始喜欢和尊敬这位疯狂的教授。史密斯给他们每人一张纸，让他们用适合写在书上的话描述自己从假期中被召去完成这项特殊任务时的第一反应。布劳中校写得一如既往地平淡，不过莱特利上尉写道："我从值班军官那里得知我们要去运一条鱼（而且是死鱼）。但我的回答，按照你的要求，无法写下来。"尽管如此，他们都说很享受这次经历。

在德班着陆时他们都已疲惫不堪，迎接他们的是一排排闪光灯。史密斯再次成为风云人物。他带这条鱼过了海关，与总司令进行了交谈，请求总司令允许他第二天乘飞机去开普敦，向马兰总理展示这条空棘鱼。接着，南非广播公司的记者告诉他说，全国上下都在等着史密斯的现场直播：为了给他腾出时间，那天晚上所有的广播节目都进行了调整。他的第一反应是拒绝——他几乎一周没好好睡觉了，没有时间来准备这么重要的报告。不过他想起了在飞机上记的笔记，于是要求记者给他 20 分钟整理一下思路。

广播开始了，史密斯的信心逐渐恢复。他有条不紊地讲着，但当他开始重温这段经历时，他无法掩饰自己激动的情绪：提起看到鱼落泪的情景，他又忍不住掉下了眼泪。演讲结束时，史密斯已是精疲力尽。该节目后来被描述为南非广播电台有史以来最感人的节目之一。

　　在和玛格丽特交谈过后，史密斯试着睡了几个小时。他在斯内尔（Snell）兵营里休息，那条空棘鱼安安稳稳地躺在一旁铺满木棉纤维的小棺材里，营外特别派了一队祖鲁守卫巡逻。

第五章　明星鱼

对马兰鱼戏剧化的"救援"很快占领了全世界报纸的头版头条。1952 年 12 月 27 日，《纽约时报》（*New York Times*）发表了题为"史前鱼类据信已被捕获"的报道。三天后，《纽约先驱论坛报》（*New York Herald and Tribune*）刊登报道，题为"空中运载死鱼，科学家激动不已"。《马耳他时报》（*Times of Malta*）的报道题目是"马兰派飞机去接曾以为已经灭绝的鱼"，而《卡拉奇晨报》（*Karachi Dawn*）则高喊："缺失环节找到了！"空棘鱼和科摩罗这两个陌生的词成功进入了人们的视野。

12 月 30 日，史密斯和他的马兰鱼在破晓前就起飞了。史密斯看起来干净利落——穿着熨得板正的最好的西装，但脚下还是和往常一样，踩着露趾凉鞋，不穿袜子。即使是和总理的见面，也不能让史密斯改变他从不穿不通风的鞋的惯例。达科塔式飞机降落在格雷厄姆斯敦，接上玛格丽特和威廉·史密斯，然后又飞过史密斯长子罗伯特所在的度假地克尼斯纳。罗伯特回忆道："当时我们没有收音机和报纸，所以完全不知道外面发生了什么。只听到一架飞机飞过了我们的房子，接着一块板子连着用床单做的降落伞从窗口丢了进来，上面写着爸爸跟我们说的话。"

当他们飞往开普敦时，莱特利上尉递了一张便条给史密斯，上面写着："马兰博士非常感谢您不辞辛劳地把这东西运过来，但他不想见这条鱼，祝您平安返回格雷厄姆斯敦。"史密斯看到后垂头丧气。他是特意来向总理表示敬意的，热切期盼着能向总理展示在他的帮助下所取得的成果。他觉得肯定是因为这件事与进化论的联系，让这位加尔文宗的博士总理心烦意乱。他耸了耸肩，说道："好吧，但无论如何，我们还是飞到开普敦去吃个午饭吧。"直到他看到驾驶员脸上诡异的笑容时，才明白自己又上当了。一行人降落在开普敦，威廉留在空军基地参观战斗机，史密斯夫妇带着空棘鱼转乘一辆军车去拜访马兰总理。

他们受到了热烈的欢迎。鱼仍被包在木棉纤维中，在马兰总理见到它之前，史密斯拒绝让任何人先看。他把鱼放在一棵树下，为总理打开了盖子。总理看了一眼，转头对史密斯眨巴着眼睛说道："天哪，它真丑。你是说我们过去就长这样吗？"这样的话出自一个笃信宗教，并且公开表示相信亚当和夏娃是由上帝创造的人的口中，真是令人吃惊。

午餐后，马兰总理特地邀请了一批人来参观这条鱼。在回空军基地的路上，史密斯被出租车司机认了出来："天哪，先生，您不就是那个带着鱼的绅士吗？真是太荣幸了，我和我的车倍感荣幸。"

　　第二天，也就是新年前夜，这列"空中鱼车"（Flying Fish Cart）（《比勒陀利亚新闻报》[（*Pretoria News*]以此指代那架达科塔式飞机）开始了它传奇旅程的最后一段。飞机起飞后绕到马兰总理家上空，扔了几份晨报给站在草坪上挥手的总理。几小时后，达科塔式飞机终于回到了格雷厄姆斯敦，已经有一大群人等着迎接他们。其中就有身着盛装的市长和充满自豪之情的拉蒂迈小姐。史密斯率先走出舱门，随后是他的家人，最后是装着空棘鱼的棺材。拉蒂迈小姐回忆道："那真是天大的惊喜。我们非常激动，因为他们很可能在科摩罗群岛找到了空棘鱼的家。"史密斯夫人接受了鲜花，史密斯向同行的四位空军军官赠送了他的书，与他们挥手

告别。拉蒂迈小姐把这条空棘鱼装进了博物馆的货车，送往史密斯在罗得斯大学的实验室。[1]

对史密斯来说，马兰鱼的安全抵达只是一个开始。历经 14 年的追寻，他终于有了一条可以用来研究的完整的空棘鱼。然而，他被撰写文章、采访和"观赏"这条鱼的各种请求淹没了。这次没有战争可以盖过空棘鱼的风头，全世界媒体都把聚光灯打到这条古老的鱼和它古怪的拯救主身上。尽管史密斯不喜欢社交，但此刻他也享受这种来自外界关注的目光，不愿拒绝哪怕是最不知名的报纸和杂志的采访。虽然一周来他几乎没怎么休息，但他没有时间补觉，要做的事情太多了。

史密斯为伦敦的《泰晤士报》写了一篇报道，在元旦当天打印好寄出（史密斯在下午 5 点 30 分打电话给市长要求派两名打字员来帮他），刊在隔天的报纸上。在这篇文章中，他解释了空棘鱼对人类和科学的重要性。他这样写道："这是一个严正的警告，提醒科学家们不要太过武断。"过去曾被断言早已灭绝的生物，至少还有两种鱼类生活在地球上，事实证明，人类对在覆盖地表绝大部分的海洋中发生事情的了解是何等肤浅。他写

1　后来为了纪念这条空棘鱼空中之行 40 周年，当时还没有退役的那架达科塔式飞机在经过清理后，满载乘客飞回了格雷厄姆斯敦，其中包括三名原机组成员：飞行员邓肯·罗尔斯顿（Duncan Ralston）和威廉·伯格（Williem Bergh），以及无线电操作员万斯基·范·尼凯克（Vanski van Niekerk）。这架达科塔式飞机在两年后正式退役，之后被南非空军捐赠给了位于比勒陀利亚的南非空军博物馆。——原书注

道："过去我们一直认为，我们不仅主宰着陆地，还控制了海洋。其实不然。生命仍然以它最初的模样存在。人类的影响不过是一片浮云。这个发现意味着，我们可能还会在海里发现其他过去认为已经灭绝的、像这些鱼一样的生物。"此外，史密斯还指出，活着的空棘鱼的发现对古生物学家具有不可估量的意义。它与古生物学家早期根据空棘鱼化石遗骸对这类鱼的重建非常相似，这也侧面证实了古生物学家仅依靠古代岩石中留存的化石模糊印记重建出的那些早已灭绝的动物，在很大程度上其实是准确的。在这篇文章中，史密斯尽量避开了与空棘鱼直接相关的进化问题。他强调，人类对于 4 亿年前生物的身体内部运作方式所知甚少，而通过观察马兰鱼的软组织可以让我们了解到，这些古老生物的内部器官究竟是如何运转的，帮助我们踏上揭示进化全貌的漫漫长路。他写道："这可能就是 H. G. 韦尔斯（H. G. Wells）笔下的时间机器，只是我们永远只能回到过去。"

格雷厄姆斯敦市长为当地政要组织了一场午餐会，在餐后公开展示了那条空棘鱼。伦尼（Rennie）教授是史密斯在罗得斯大学的朋友，他和他的太太也受到了邀请，他们对那一天发生的一切记忆犹新。伦尼太太回忆："那是一个周六的下午，镇上如往常一样安静，但我从没见过这么多人等在市政厅门口。人们从四面八方会聚到一起……从法官、烛台工人到无名小卒。审判长好不容易才从个子很矮的理发师坎贝尔旁边挤了进来。"

她这样描述当天的情景：人们穿过一条长长的走廊，来到大厅，在那里，空棘鱼躺在棺材里供人参观。格雷厄姆斯敦唯一的交警阿彻先生（Mr. Archer）说，尽管眼睛被福尔马林熏得眼泪直流，但还是得指挥着人们往前挪。伦尼教授回忆说："这让我们想起 1936 年英国国王乔治五世去世的场景，他的棺木也被停放在灵柩车上，供人们排队瞻仰。"

对马兰鱼被送回来后的那段日子，玛格丽特也记忆犹新："在充满乐趣的一生中，那真的是最激动人心的时刻。在回到格雷厄姆斯敦的头几天，我们依然像在空中漫步一样飘飘然的，直到我们意识到还有很多事情要做时才被猛地拉回到现实中。"

后来，马兰鱼被送往东伦敦博物馆，在那里与第一条空棘鱼团聚了几天，然后去伊丽莎白港参加了几个盛大的集会。无论它走到哪里，都会引起巨大的关注——据估计，短期内就有约两万人看过它。史密斯夫妇收到了来自全世界的大量信件和电报，一位美国鱼类学家写道："现在我可以死而无憾了，因为在有生之年我总算看到美国公众为了一条鱼而狂热。"他们的事迹出现在世界各地的电视上，从美国到日本，从阿拉斯加到帝汶。史密斯写道："事实上，我们被卷入了一种几乎无法控制的浪潮，这股浪潮多次席卷全球，直至最遥远的角落，即使过了这么长时间，余波仍影响着我们。在这个过程中，一个晦涩而专业性极强的科学术语，竟成为人们日常闲谈的一部分。"[1]

1　一名英国议员在攻击对手时称其为陆地上的"空棘鱼"，理由是对方在众议院沉默了很长时间，后又让人惊讶地发现他还活着。——原书注

当史密斯开始对取回的空棘鱼进行仔细检查时，他震惊地发现，由于受到过粗暴的对待，空棘鱼的大脑已经没了，大部分内脏也严重受损。他哀叹道："这是一个沉重的打击。又是一条不完整的鱼。"不过，他还是欣喜地发现了许多独特又奇妙的特征，包括看起来很像下颌的鳃，这为下颌和鳃弓可能具有相同来源提供了线索。他认为，拉蒂迈鱼背上的那根延伸到后面的空心管是它的脊索，由软骨构成，是脊椎的前身。他确定，这些肉叶状鱼鳍内有自己的内骨骼，但鱼的身体里没有肺存在的迹象，它的鱼鳔里还充满了脂肪。他还在空棘鱼的肠子里发现了其他鱼的残骸，包括鱼鳞和眼球，史密斯估计这条被吃掉的鱼有 15 磅（6.8千克）重，这证实了他的另一个观点：空棘鱼是一种强大而成功的捕食者。过了一段时间，他意识到马兰鱼缺少的第一背鳍和奇特的尾巴很可能是鲨鱼攻击的结果，而这表明它与拉蒂迈鱼是同一个物种。

史密斯夫妇竭尽全力完成了投给《自然》杂志的论文，文章在 1 月 17 日的那一期上刊出——距离这次英勇的救援行动只过去了三周时间。史密斯写道："我非常荣幸地宣布又发现了一条空棘鱼。"随后他对大英博物馆的怀特博士提出的空棘鱼是深海生物的理论嗤之以鼻。史密斯声明，他欢迎全世界科学家一起来对这条鱼进行详细的研究。愿意合作的科学家踊跃报名，但在史密斯心里，他并不想切开马兰鱼。虽然他知道这对科学是最有利的，但他更希望能找到另一条更完整的鱼来进行科学研究，让马兰鱼可以或多或少地保持相对完整。

《每日邮报》漫画："如果这就是你们人类在 5000 万年里能做的最好的事，那还是请把我扔回海里吧。"

　　还有其他人也渴望拥有自己的空棘鱼。早在 1953 年初，《每日镜报》（*Daily Mirror*）就说，伦敦动物园愿意提供 1000 英镑奖金，以获得空棘鱼的活标本。动物园的鱼类研究员赫伯特·文纳尔（Herbert Vinall）为它准备了一个特别大的水池。文纳尔说道："我们这儿有各种各样奇异的鱼类。我想我们可以让这条古老的化石鱼宾至如归。"

"疯子"们又开始动笔了。这些"疯子"的信件主要来自世界各地的宗教狂热分子，他们因为史密斯的研究而谴责他。有人甚至出版了一本小册子来谴责史密斯的观点。还有人威胁要对史密斯实施暴力攻击，有人告诉史密斯，如果他没有出生，人类可能会更好。史密斯把这些攻击当作家常便饭，不以为意。

马兰总理却因为参与抢救一条古老的鱼这个看似与政治无关的举动而难逃谴责。《曼彻斯特卫报》(*Manchester Guardian*)[1] 发表了一篇尖锐的社论，矛头指向马兰这个种族隔离制度的始作俑者，指出他公开宣称的政治和宗教观点之间有着明显不一致，并批评他在获取空棘鱼这件事上所扮演的角色。这篇题为《丹尼尔和达尔文》(Daniel and Darwin)的社论中写道："总理在忙完公务后，因为对鱼类学的兴趣而被打乱假期，这种情况并不常见。据报道，马兰博士是以科学家的无私态度应对这种情况的。但马兰博士知道自己在做什么吗？"这条鱼被认为是证明人类是从鱼类演化而来的证据中的一环。事实上，马兰博士已经成为荷兰归正会(Dutch Reformed Church)的牧师，就在去年9月，南非的荷兰归正会还对德兰士瓦省博物馆(Transvaal Museum)的一场展览提出抗议，声称该展览有追溯人类是从猿进化而来的嫌疑。

如果可以证明，所有人——不论是黑人还是白人——都来自一个共同的祖先，那么种族隔离理论以及白人相对黑人的优越性，

---

1 《卫报》(*The Guardian*)的前身。

将会遭到严重打击；而如果还能证明所谓的更早的共同祖先是空棘鱼——仅仅只是一条鱼——那么麻烦可能更大。

当史密斯正埋首于马兰鱼精细的内部解剖学结构，并享受着国际声誉时，为他保住第二条空棘鱼的亨特，日子却不太好过。他为自己能够帮助史密斯得到空棘鱼而非常自豪，但同时他也预见了法国人的反应，不可避免地，法国人将会因为没能发现就在自己家门口的宝藏而感到耻辱。在史密斯取走空棘鱼的第二天，亨特在船上给他写信，提到他在库代尔总督家里吃午餐时，总督跟他透露，马达加斯加的法国科学研究局对其允许把空棘鱼运去南非一事"颇有微词"。他认为，他们之所以没有把鱼据为己有，只是因为他们对亨特的鉴定持怀疑态度。

亨特还描述了在穆察穆杜举行的颁奖典礼，典礼上把100英镑奖金颁给了渔夫阿卜杜拉。根据当地习俗，他把这笔奖金的三分之一分给了他的助手（如果船不是他自己的，他还会把另外三分之一奖金分给船主），无论如何，对一个贫穷的渔夫来说，这是一笔相当可观的奖金，更重要的是，这个公开的颁奖仪式使他的地位高于其他同行。阿卜杜拉告诉亨特，当地渔民都知道这种鱼。他们称它为"冈贝萨"（gombessa），而且偶尔还会捕到这种鱼。冈贝萨新鲜的时候并不好吃，但用盐做成腌鱼还不错。阿卜杜拉证实，他是在离海岸大约200米，水深20到30米的地方钓到这条鱼的。

此外，亨特还在信里告诉史密斯，最近他听说了另一条标本也被捕到的消息，就在大科摩罗岛的米察米乌利（Mitsamiouli）

安德烈·莱尔把 100 英镑奖金颁给渔民阿卜杜拉、苏哈和穆罕默德（从左到右）
（埃里克·亨特摄）

附近。不过当地的穆斯林牧师认为这种鱼不适合食用，就把它扔掉了。那里的人告诉亨特，当自行车胎破了要补的时候，这种鱼的鳞片可以用来打磨内胎。[1] 亨特说，还有更多的捕到空棘鱼的传言，他觉得可信。

他再次感谢史密斯以昂儒昂岛的名字命名这条鱼。"这里的政府一直对我很好，让我觉得坚持把昂儒昂岛放进这条鱼的名字，可以在某种程度上表达我对他们的敬意。能用自己的名字来命名

1　然而，研究空棘鱼的专家罗宾·斯托布斯（Robin Stobbs）通过实验证明，空棘鱼的鱼鳞并未坚固到可以这样用。他指出："鱼鳞无法打磨自行车内胎或磨平一块木头，顶多把一块冰冻的人造黄油表面磨粗糙。"——原书注

这样一个稀世发现，当然是一种很大的诱惑，但四年来，这些岛屿一直是我唯一的贸易区域，我对这些岛屿的忠诚，在这种特殊的情况下更感强烈。"他请史密斯把有关空棘鱼的剪报寄给他在伦敦的父亲。

在史密斯和他的鱼离开科摩罗两周后，亨利的骄傲也随之而去，他的"杜瓦罗号"受飓风袭击沉没了。亨特回到藻德济，等待"劳埃德船舶保险公司的人"来注销他的船。他在报告中说，风暴摧毁了这个岛。藻德济"过去在某种程度上还挺漂亮的，但是现在看起来就像被原子弹轰炸过一样"。房屋倒塌了，街道上到处是树枝、垃圾和皱巴巴的瓦楞铁片。

亨特在给史密斯的另一封信中说，一位法国科学家来到了昂儒昂岛，他奉命待在这里，直到找到另一条空棘鱼。总督也受到了很多舆论批评，因为他允许史密斯在法国人眼皮底下，把法国人在法国领海捕获的鱼堂而皇之地带走。巴黎的报纸发表了言辞激烈的长文，抨击这桩空棘鱼"盗窃案"。亨特写道："我很同情他们，也能理解他们的观点，我敢肯定，如果是我用我的双桅帆船在南非捉到了它，却把它送到法国，你也一定会非常生气。"

亨特的信与史密斯寄往桑给巴尔的信在路上擦肩而过，史密斯在信中叙述了他回到南非后所发生的事情。他在信里提到了英国广播公司（BBC）面向全球播放的新闻报道。"我真希望你听到了它。"史密斯写道，"因为它充分赞扬了你的聪明才智和决心……来自英国的沃丁顿夫人通过广播听到了我的演讲。她来信说道：'我们很高兴你碰到的是亨特。就算你想要恐龙，他也会给你弄到。'"

他建议亨特，与其继续做艰苦的贸易工作，不如去当"寻找空棘鱼"的向导，这份差事更赚钱，因为未来在这些岛屿附近一定会有很多像这样的考察。事实上，史密斯和玛格丽特非常希望在当年晚些时候重新拜访科摩罗，探究这个"鱼类生命的巨大宝库"。

"科学界十分感谢你在这一重要发现中所做的贡献，我希望你能用你的知识来促成其他发现。"史密斯总结道。玛格丽特也寄了一封信给亨特，信中她向亨特祝贺："只要人类存在，你的名字就将与我们这个时代最激动人心的故事永远联系在一起，我非常高兴，因为我对你的信任得到了回报，你从来没有临阵脱逃过……你已经实现了你的伟大理想：让科摩罗群岛出名。我们预计它将在日后得到更多的关注。"

而在法国，反史密斯的情绪持续升温，不幸的亨特在失去了他的船后被迫困在科摩罗岛上，让他暴露在舆论攻击中。库代尔总督也被施压，要求他立刻采取行动，因为是他同意让史密斯从法国的领土上带走空棘鱼的。现在他不得不采取行动来保住自己的职位。总督把矛头转向身边的替罪羊——亨特，并写信给史密斯，反驳亨特对事件的说法，呈现了一个完全不同的版本。

于是，亨特对法国人的感激之情开始迅速消失。他在给史密斯的信中说："我非常生气。我告诉总督，在整个事件中，我并没有收取任何好处，所以，我的底线就是保全我的声誉，我对这件事进行了必要的宣传，以个人名义担保了100英镑奖金。此外，我还是唯一关心这条鱼有没有被完整保存下来的人。除了我和跟我一起轮流给这条鱼注射福尔马林的船员，没有任何人为它做过任何事。"

亨特向史密斯详细讲述了他为保护空棘鱼所采取的措施，以及总督在这个过程中的"配合"："巴黎那边因为没得到鱼气急败坏。而你说它属于你，我没有立场去判断谁对谁错，我无从分辨。不过我知道的是，在塔那那利佛（Tananarive，马达加斯加首都）和我交谈过的那个波利安（Paulion）对总督非常愤怒。总督为了能让自己暂时脱身，在写给你的信里几乎完全把我排除在这件事之外，说我不过是把鱼从这个岛运到那个岛的运输员。总督声称他以法国政府的名义把鱼交给了你，而且声称鱼还在昂儒昂岛时，在你出现之前，政府就已经对鱼进行了处理。"

亨特写道："我对这一切感到不安，这原本只关乎我们的友谊，现在却变成了政治事件。"

亨特还说，法国人让他签署一份与事实截然不同的"官方版本"文件。他解释道，这份文件一共有三个版本：一个是在史密斯到达之前寄往法国的版本，这个版本与亨特的说法吻合；另一个是修改过的版本，在巴黎各方面的压力下，与亨特有关的部分被抹得一干二净，因此他拒绝签字；此外还有一个妥协版，法国人在这个版本里仍然扮演着很重要的角色。"科摩罗群岛是我的谋生之地，"亨特写道，"而研究鱼类和钓鱼只是我的爱好。我必须与法国当局保持良好关系，因此，我在最后一个版本的文件上签了字……我现在真希望自己当初接受你的提议，用我的名字来命名这鱼，那就肯定能保证我的个人声誉了。我不想自我标榜，但我想你应该理解，如果在桑给巴尔你的妻子没有遇到我，就没有1952年的这条空棘鱼。"

史密斯则以高高在上的姿态回复了亨特，他向亨特保证，尽管亨特"很在意法国当局的说法，但并非全世界都是这样报道的。你不用觉得自己的贡献没有得到充分认可。……事实上，由于你要求这条鱼不以你的名字，而是以昂儒昂岛命名，这已经让你获得了更高的声誉。我和我的妻子都对你的能力赞赏有加……我的妻子曾多次公开说，她一直觉得你是最有可能认出这种动物的非专业人士"。

史密斯觉得法国人的反应不那么重要，他猜想"他们并不了解全部情况。只是因为全世界对这件事反响热烈，才让他们感到震惊，觉得自己被剥夺了某样重要的东西"。他又写道："他们没有意识到，如果别人捕到空棘鱼，毫无疑问也会引起人们的兴趣，而现在各地惊人的反应不仅是针对空棘鱼本身，还跟围绕它发生的不同寻常的故事有关。首先，也许全世界最感兴趣的是，这是我长达14年搜寻的结果，也是多年来研究成果的巅峰。其次，在这个漫长的追寻过程中有你的参与，并且你和我们保持了紧密的联系。"史密斯还承认，马兰总理的介入也在一定程度上引起了人们的关注。"如果换作其他人发现这条鱼，那就与上述因素都没有关系了。另外，如果法国人扣下了这个标本，全世界就都会知道他们不是通过自己的努力而得到它的，亦不会对他们的行为表示赞赏。"

史密斯对亨特表示歉意，除了已经付给亨特的100英镑，他没有能力赔偿亨特的其他损失，比如发电报的费用和等飞机的时间损失。不过他也附带提到，他正在筹集资金，希望当年晚些时候能再去科摩罗考察。遗憾的是，这件事最终没能成行。虽然史密斯夫妇和亨特一直保持联系，但从此再也没见过面。

尽管法国人认为史密斯戏剧化地侵吞了他们眼中的法国鱼，并且还在不断抹黑亨特的声誉，但也正是空棘鱼事件进一步激发了亨特对水底世界的兴趣。在1953年"杜瓦罗号"被毁后，他又在那不勒斯买了一艘更大的、长达100英尺（30.5米）的新船，将其命名为"夏里亚柯号"（*Hiariako*，斯瓦希里语，意为"你的选择"）。两年后，他与比他小14岁的苏格兰女孩琼·福勒（Jean Fowler）在塔那那利佛结婚。她经常陪伴他远航，但亨特发现海洋贸易商人和丈夫的角色很难兼顾。到这个时候，鱼类对他来说已经从兴趣演变成了狂热。他不仅在家里和船上都放置了鱼缸，还开始研究海洋生物，参与海洋环境保护工作。他打算卖掉他的船，和福勒一起在马达加斯加定居，成立一家为全世界水族馆收集珍奇鱼类的公司。

1956年4月9日，亨特从桑给巴尔启程，寻找鱼类标本和货物。临行前，他向一个朋友透露，这可能是他卖掉船之前的最后一次航行。他们在科摩罗待了几天，在那里卸下一些货物，然后驶往马任加（Majunga）[1]，这是马达加斯加西北海岸的一个美丽的小镇。在马任加，亨特收集鱼类，把它们放到船上的鱼缸中。随后，福勒

1　马哈赞加（Mahajanga）的旧称。

离开，去寻找网眼草，并拜访在塔那那利佛的朋友，而亨特则准备返回科摩罗去装另一批货物。他给福勒发了一封电报，说他将于5月3日上午9点半到达藻德济，叫福勒飞过去，在藻德济与他会合，然而，他失约了。

据官方调查，"夏里亚柯号"于5月1日凌晨从马任加起航。除了亨特，船上还有14名船员和11名乘客。不久，他们被巨浪冲撞，遭强风袭击。第二天早上，亨特不得不承认他们迷航了。他们花了整整一天一夜都没能找到陆地。隔天凌晨4点，当亨特还在睡觉的时候，船撞上了盖萨暗礁（Geysere Reef），在危险的珊瑚礁上搁浅和侧倾，此时离他们的目的地只有80海里（148.2千米）。

船员们拼命想让船重新浮起来。他们扔掉了所有的货物，但海水还是不断涌进来。亨特被迫下令弃船。亨特、一位法国乘客和一名厨师，爬上了一只带帆的小艇；年纪大的船员、三名科摩罗妇女和三名儿童坐上了船上的大艇；而其余人则分散在一条木筏和另一条用油桶、舱口盖搭建的临时救生筏上。这两条筏子上都有一点儿新鲜食物和水。

起初，亨特试图用他的小型舷外发动机把所有船只和救生筏一起拖到岸边，但他很快意识到这样行不通。他决定升起风帆，和法国乘客、厨师一起去马约特岛寻求帮忙。但这一去竟成永别，从此再没有人见到过他。坐在木筏上的人也因为猛烈的风暴全部丧生海中。大艇虽然成功逃过了风暴，但艇上的9个人很快就耗尽了所有的食物和水，几天后，两名儿童和一名科摩罗妇女死了。

　　　　　寻找我们的鱼类祖先：四亿年前的演化之谜

15 天之后，即 5 月 20 日，几个科摩罗渔民在出海时发现了幸存者，并用独木舟上的托架将他们带回了大科摩罗岛的安全地带。

5 月 24 日，在科摩罗四岛中最小的莫埃利岛（Moheli）以西 15 英里（24.1 千米），有人发现了亨特的小艇，但里面空空如也。发动机似乎被人从支架上扯了下来，而除了在 300 英尺（91.4 米）外漂浮着的两件残破的充气式救生衣，没有人的迹象。亨特和另外两个同伴的尸体一直没有找到。

这次船难在英国新闻界引起骚动。当时英国的《每日电讯报》（*Daily Telegraph*）刊出一则不实报道称，据不署名的英国情报线人透露，亨特是在企图将塞浦路斯的希腊族人领袖马卡里奥斯大主教（Archbishop Makarios）从塞舌尔（Seychelles）诱拐出来时被杀害。这则报道令英国媒体兴奋不已。亨特的家人认为这是对亨特人格的极大污辱，他们给态度强硬的《每日电讯报》写了无数封表达愤怒的信。这起事故的官方报告没有提到任何绑架事件，报告的结论指出，这是一场意外，船长和船员都没有责任。

亨利·尼科尔斯（Henry Nichols）在题为《葬身大海的水族爱好者》的讣告中写道："无论远近，所有的渔民朋友都对埃里克·亨特持最深切的怀念；他的离开不可避免地在很多人的生活中留下一块空白，那些住在东非沿岸，从庞哥（Pango）到洛伦索-马贵斯以及众多印度洋近海岛屿上的，那些淳朴的黑色和棕色皮肤的人们……"尼科尔斯还写到亨特如何用金钱、货物以及他的友谊和信任来帮助当地人。"他是一位艺术家，"尼科尔斯总结道，"并且用行动阐释了这个词所能代表的最美好含义。他热爱生活，践行自己喜爱的生活方式直到生命的最后一刻，他也想要尽己所能帮助他人。"

1953 年，法国人拒绝史密斯重返科摩罗，史密斯觉得他的权利被剥夺了。"在漫长的搜寻过后，我终于找到了空棘鱼，这在全球范围内产生了巨大反响。但在法国，那些无孔不入、歇斯底里的媒体宣传，挑起了公众的情绪，"他写道，"结果就是广泛传播的煽动情绪，法国民众强烈要求政府出面交涉，让空棘鱼回归法国。"一场外交事件正在酝酿：很明显，失去马兰鱼令法国民众痛心疾首。1953 年 11 月 9 日，一项新法令毫不意外地在巴黎出台："从今年年底起，只允许法国科学家在法属科摩罗群岛、莫桑比克和马达加斯加之间的印度洋海域搜寻空棘鱼。法国当局宣布，全面禁止……外国科学家在此地的考察……"

空棘鱼变成了法国的鱼。

　　　　　　　　寻找我们的鱼类祖先：四亿年前的演化之谜

第六章　法国人的空棘鱼

　　法国人决心要弥补他们错失的时间，并宣称空棘鱼是他们的。他们意识到自己最初低估了马兰鱼的发现所带来的轰动。科学界和公众都对这种奇怪而古老的鱼类充满了浓厚的兴趣，法国人很想成为其中一分子。甚至连好莱坞也开始关注这一题材：《黑湖妖谭》(*The Creature from the Black Lagoon*) 这部电影中所描述的那头从海里出现的带鳍怪物，显然就是以新发现的马兰鱼为创作灵感。

　　雅克·米约博士 (Dr. Jacques Millot) 是一位蜘蛛专家，长相酷似天性善良的霍比特人，当时正是他在领导位于马达加斯加塔那那利佛的法国研究机构。他负责协调对空棘鱼的搜寻，在接下来的 20 年里，外国科学家一直被拒之门外。揭示这条世界上最著名的鱼错综复杂的内部结构的荣耀，只能由法国人独享。

　　米约派他的同事皮埃尔·富马努瓦尔 (Pierre Fourmanoir) 到科摩罗，鼓励当地渔民进行捕捞工作。不用说，他们也承诺提供 100 英镑的奖金来换取一条"那种鱼" (Le Poisson)，这足以激励渔民们更加卖力地捕鱼。

1953 年 9 月 26 日，在昂儒昂岛的穆察穆杜附近，当初捕到马兰鱼的岛屿的另一边，一条长 51 英寸（1.3 米）、重 87 磅（39.5 千克）的空棘鱼被捕获。渔民胡迈迪·哈桑尼（Houmadi Hassani）立刻认出了它，并迅速把它带回了家。他叮嘱妻子在家好好看住这条鱼，自己则跑去找法国医生乔治·加鲁斯特（Dr. Georges Garrouste）求助。米约为医生配备了一套特殊的空棘鱼保存工具。医生把鱼放在救护车里，然后给它注射了 7 加仑福尔马林。第二天，一架专机就将这条鱼送到了位于塔那那利佛的米约那里。法国人欣喜若狂。《世界报》（*Le Monde*）头版刊登了这条鱼的照片，标题就是"我们的空棘鱼！"（Notre Coelacanthe！）。

　　史密斯当时就在离莫桑比克海岸不远的巴扎鲁托岛。当他检查一条在浅水区发现的大石斑鱼时，一名会讲葡萄牙语的华人男子找到他说，前一天晚上他从收音机里听到一则报道，说法国人在马达加斯加附近的什么地方捉到了一条名字很奇怪的大鱼。报道里还提到了史密斯的名字，所以他特意跑来找他。史密斯仔细询问了那个人，确定那绝对是一条空棘鱼，但除此之外，他没法获得更多的信息。他读了最新的报纸，找到无线电来收听广播，不过直到一周后他回到文明世界，才终于证实这个报道：法国人总算在科摩罗捕获了属于他们自己的空棘鱼。

　　"我永远记得，这个消息给我带来的巨大解脱，就好像一块压得我喘不过气来的石头从我的心头移开了。"他在《老四足鱼》中写道，"那个地点是正确的，它们就在那里生活！我身上背负的巨大压力没有了。我可以留着我的马兰鱼，这些专家可以独自或者组织团队去研究新的空棘鱼的组织和结构，揭示这种古老生命组织和结构的秘密只是时间问题。"史密斯立即给米约发了封贺电。

史密斯和大多数人确信，印度洋西部的这几个小火山岛是空棘鱼的家园：他花费 14 年追寻的目标终于实现了。当时没有人注意到的是，科摩罗群岛本身是相对年轻的岛屿：其中最古老的马约特岛也只是在距今 550 万年前才从海洋中隆起，而科摩罗岛的隆起仅仅发生在 13 万年前。

1954 年，法国人迎来空棘鱼大丰收。他们的第二件标本——官方正式记录的第四条空棘鱼——是在大科摩罗岛艾科尼村（Iconi）附近捕获的。这表明组成科摩罗群岛的四个岛屿中，至少有两个是空棘鱼生活的区域。这条鱼在 1 月 29 日被捕获后，立即被装箱运走。《科利尔》（Colliers）杂志的一位美国记者记录道："当时的情景非常令人激动，我们争分夺秒地给它做专用箱，准备用专机把它运到马达加斯加。"大科摩罗岛的管理人员莫里斯·雷克斯（Maurice Rex）回忆说："下午 4 点，我们疲惫而自豪地结束了工作，只见一个男人带着一条更大的空棘鱼晃晃悠悠地走了进来。"第五件标本是在一个叫曼吉沙尼（Mandzissani）的小村庄附近捕获的，工作人员立即将它装箱，与第四件标本一起送往马达加斯加的米约处。

突然间，再也不缺可以用来解剖的空棘鱼了。在此之前，所有空棘鱼照片里的鱼不是已经损坏、腐烂，就是已经变成僵硬且颜色发黄的标本。这是米约第一次看到拉蒂迈小姐所说的"最美丽的鱼"。他和助手让·安东尼（Jean Anthony，一个生性害羞的比较解剖学家）立刻开始详细研究空棘鱼的内部结构。他们耗时18年，把研究成果撰写成一部分为三册的巨著：《拉蒂迈鱼解剖》（*L'Anatomie de Latimeria*），里面有详尽的插图。这部书是关于空棘鱼解剖结构最权威的著作，也可能是有史以来对一种鱼最详细的研究专著。

在米约开始研究空棘鱼时，有关空棘鱼的外部特征已在史密斯的专著中得到了详细描述。现在全世界的人都知道，它有着坚硬斑驳的鳞片、肥厚的鱼唇、宽大的嘴巴和大大的眼睛。它那如四肢般的鱼鳍，与早期四足动物的四肢非常相似，还有从它身体延伸出来、像小狗一样不同寻常的尾巴，都被人研究过了。但是现在，米约和他的团队有了一条完整的空棘鱼，终于能够去探究这种"化石鱼"体内的详细情况。

他们发现，空棘鱼与现在的四足动物在某些特征上极为相似：比如空棘鱼的内耳结构更像青蛙，而不是其他鱼类；鳃的形态类似于下颌，鳃耙类似于牙齿，它的血液中含有大的红细胞，这一点与两栖动物和肺鱼相似。所有这些研究结果都清楚地表明，空棘鱼与第一条从水里爬上陆地，并繁衍出动物界庞大的陆上部分的鱼有着非常密切的关系。

但另一方面，研究结果也显示，空棘鱼与原始的鲨鱼似乎也有着密切的关系。例如，空棘鱼的血液和鲨鱼一样，尿素含量很高。它们都没有骨化的脊椎或肋骨，取而代之的是一个由软骨组成的脊索，即一条中空的脊柱，在组成上类似于鲨鱼的盘状软骨脊柱。空棘鱼的脊索里充满了一种独特的油性液体。它的"V"形对称的心脏也和鲨鱼以及其他大多数脊椎动物胚胎的心脏相似，米约在空棘鱼的胃中发现了和鲨鱼相似的螺旋瓣结构，这使它们能够非常缓慢和充分地消化食物，并且可以把两餐之间的间隔拉得更长。这显然是对在食物匮乏地区生活的一种适应。

的确，空棘鱼相当能适应环境，作为一个非常成功的幸存者，这并不令人惊讶。它的新陈代谢非常缓慢，这意味着当食物匮乏时，它可以保存能量。它的鳃表面积很小——比其他同体型鱼类的鳃表面积都要小，只有金枪鱼的百分之一——所以它吸收氧气的速度很慢，这使它能很好地适应更深、更冷的水下环境，在这样的水域里，氧气浓度更高，捕食者较少，对猎物的竞争也少了。空棘鱼细长的管状鱼鳔里充满了脂肪和其他不可压缩的体液（硬骨鱼的鱼鳔是中空的充满气体的器官），不能提供浮力，因此它可以舒适地悬浮在很深的水里，不需要移动和消耗能量。它的视网膜后面有一层反光层，就像猫眼，在昏暗的光线下有良好的视力（相反地，因为眼球不含黑色素，在明亮的地方它会失明）。科摩罗渔民描述说，空棘鱼的眼睛像灯或燃烧的炭一样闪闪发光。

空棘鱼还有两个特征是在所有现生生物中独有的。它的脑结构简单，并且非常小。它的脑重量大约是成鱼体重的一万五千分之一，只有一颗葡萄大小，仅占脑腔的一百五十分之一，整个脑位于颅间关节（像铰链般将头的筛蝶部和耳枕部分开的关节）后方。这个关节被认为是原始的肉鳍鱼类的结构，它可以让鱼把嘴张得很大，从而增加咬合力。空棘鱼的另一个独有特征是在鼻区有一个大的填满果冻状胶状物的空腔，通过六个孔通向外界。科学家们把这个空腔叫作吻部器官（rostral organ），认为这是一种高度复杂的用于定位猎物的电感受器。

空棘鱼这些内部器官的运作方式就像一系列指向不同方向的路标。显而易见，它在研究领域所引发的吸引力部分在于它与进化树主干间的关联。米约和他的团队很希望对现代空棘鱼的研究能够厘清多年来仍未解决的争论，即谁是第一种爬上陆地的肉鳍鱼。然而，他们最初的研究结果似乎只能原地踏步，几年过去了，鱼类和陆生脊椎动物之间的"缺失环节"仍待证实。

肺鱼是空棘鱼的竞争者之一。第一件活体肺鱼标本是奥地利博物学家约翰·纳特勒（Johann Natterer）在亚马孙发现的。1836 年，他结束了在巴西 18 年的长途旅行，带着大量珍奇动物标本回到欧洲。这些标本使维也纳皇家博物馆的收藏量瞬间增加了 6 倍。当中最奇特的发现是一只外形像鱼的怪物，大约 2 英尺（61.0 厘米）长，既有鳃又有肺。当地人称它为 caramuru，纳特勒将其命名为南美肺鱼（Lepidosiren）。他在出版的专著中这样写道，这是"像鱼一样的爬行动物（鱼石螈）家族中的一个新成员。它所有的细节特征都明显地偏离了四足动物，并且整体结构与鱼相似，即使是最有经验的研究人员也会被误导"。时间会证明，其实是纳特勒弄错了。

一年后，一个名叫托马斯·韦尔（Thomas Weir）的英国人从西非的冈比亚河带回了一条类似的肺鱼，还有一条包裹在晒干的黏土里的干燥标本。这种肺鱼在当地被称为 *comtok*，学名是非洲肺鱼（*Protompterus*）。人们很快发现，旱季时，这两种肺鱼都会蜷缩起来，把自己裹在圆形的泥团里夏眠，等雨季到来，当泥巴做的巢穴变软后，它们又会苏醒，重新回到水中。

与空棘鱼不同，肺鱼的化石在当时并不广为人知，因此，当人们发现活体的肺鱼时，没有人认为这是活化石，而是把它看作令人吃惊的怪物。纳特勒的专著在科学界引发了一场激烈的辩论：它们到底是什么？是鱼还是两栖动物？正如一位科学家所说，"这让分类学家们感到尴尬"。按照一般的分类原则，鱼有鳞片和鳃，而两栖动物有裸露的皮肤和肺呼吸的能力。但南美肺鱼和非洲肺鱼既有鳞片和鳃，又有肺，它们到底算什么呢？

与纳特勒最初的判断不同，大多数人认为肺鱼是"会呼吸的鱼"（而不是有鳞片的两栖动物），而且可能在某种程度上与最早的四足动物有关。问题是，它们显然不是会走路的鱼，它们都没有明显的鳍，只有细细的、像线一样的附肢。因此它们只能像鳗鱼一样，靠扭动身体来游泳。在达尔文和华莱士的引领下，科学家们相信，真正的陆地脊椎动物的祖先需要同时拥有呼吸空气的能力和在陆地上行走的腿。肺鱼虽然满足了第一个条件，但在第二条上却输得很惨。事实上，直到 1839 年第一条空棘鱼化石发现之前，没有任何化石证据表明鱼会拥有四肢状的鱼鳍。对于这个"尚未发现"的"缺失环节"，解剖学家卡尔·盖根鲍尔（Karl Gegenbaur）预测可能会有一种"能够变成腿"的鱼鳍——他的学生们将其命

名为 *Archipterygium gegenbauri*（意为盖根鲍尔的古鳍）——他还预言，将来有一天会在一种能够呼吸空气的、类似鱼的生物身上发现这一证据。

1869 年，一位名叫威廉·福斯特（William Forster）的澳大利亚丛林旅行者从他表亲在昆士兰州伯内特河（Burnett River）附近的农场搬到了悉尼。抵达悉尼后不久，他参观了悉尼博物馆，在那里，他和馆长杰勒德·克雷夫特（Gerard Krefft）聊起了他在澳大利亚发现的不寻常的生物。福斯特问馆长为什么博物馆里没有一种生活在伯内特河中奇怪的鱼的标本。福斯特说，这种鱼在当地被称为伯内特鲑鱼。克雷夫特很感兴趣，让他描述一下这种鱼。福斯特说，这种鱼大约有 5 英尺（1.5 米）长，头圆圆的，像条肥胖的鳗鱼，长着绿色的大鳞片和四条结实的鱼鳍。克雷夫特表示他从来没有听说过这样的鱼，但他很想看看。福斯特答应给他表亲写信，请他寄一条伯内特鲑鱼到博物馆。

几周后，克雷夫特收到了一个装着几条鱼的大桶，为了防止它们腐烂，桶里面撒了很多盐。他从中拿出一条鱼来。福斯特的描述非常准确：克雷夫特看到了他说的鱼鳞，还有四只不同寻常的像桨一般的鱼鳍。最令他震惊的是它的尾巴，和他所知道的任何鱼尾都不一样：看起来更像是身体的延伸，只是边缘还有鱼鳍点缀。当他小心翼翼地打开鱼的嘴，看到它的牙齿时，他惊呆了。他立刻认出了那四颗大牙，它们长得像鸡冠一样，上下、左右相连，与一种在古老岩层中发现的牙齿化石非常相似。据他所知，没有一条活着的鱼有这样的牙齿。当时没有人知道拥有这些牙齿的远古生物长什么样，古生物学家詹姆斯·帕金森（James Parkinson）甚至认为，这些牙齿其实是龟类"胸骨板的指状分支末端"。第一位给空棘鱼化石命名的瑞士生物学家路易·阿加西将这些牙齿的主人命名为角齿鱼（*Ceratodus*）。

克雷夫特查看档案资料，希望能找到进一步的线索，结果令他十分惊讶。没有任何记录提到过，有哪一种现生鱼类的鳍与伯内特鲑鱼的鱼鳍描述相符；他能找到的唯一类似的鳍就是盖根鲍尔想象中的古鳍。所以这条躺在他面前解剖台上的鱼会不会就是那个缺失环节呢？而且它不是一块化石，是真正的生物！克雷夫特兴奋不已。他继续解剖，随后欣喜地发现，这条所谓的鲑鱼，除了鳃，竟然还有一个肺！他开始相信，在他面前的是一条原始的肺鱼，它是南美肺鱼和非洲肺鱼的祖先，很可能还是所有人类的祖先。起初他把它命名为福氏角齿鱼（*Ceratodus forsteri*）。但后来有人发现了一件与阿加西所命名的角齿鱼特征匹配的完整化石，而且它与现代的伯内特鲑鱼有细微的不同，于是伯内特鲑鱼的属名被改为 *Neoceratodus*，意为"新的角齿鱼"。我们现在称之为澳洲肺鱼。

在很长一段时间里，澳洲肺鱼一直是动物学上的重大发现。它之于 19 世纪的意义，就像空棘鱼之于 20 世纪一样。人们对它进行了详尽的分析、研究和讨论。继达尔文之后"当代最伟大的动物学家"恩斯特·海克尔（Ernst Haeckel）对澳洲肺鱼产生了极大的兴趣，并决心研究它的个体发生学。个体发生学在当时是一个时髦的理论：根据这个理论，胚胎在从受精到出生的发育过程中，以一种快速、压缩的方式经历了其祖先的所有形式——就像一个溺水的人看见自己的一生在脑海中闪过一样。如果这是真的，那么了解任何胚胎的发育，都能对了解其祖先的形态有所裨益。近年来这个理论的可信度在降低。支持者认为，人类的卵细胞一开始具有原始的鱼类特征，9个月的妊娠过程中，胎儿的样子依次与两栖动物、爬行动物和猴子相似，然后才开始具备人类复杂的感官。

海克尔是一个令人敬佩、博学的人，获得诸多荣誉（19世纪末，他在正式场合中被称为"枢密顾问教授恩斯特·冯·海克尔博士阁下"），他痴迷于个体发生学。几十年来，所有的欧洲学童都被要求背诵他所提出的著名理论——"个体发生重演系统发生"，即个体的发育过程模拟了物种的发展过程，直到这一理论在他们的脑海中留下不可磨灭的印记。海克尔派他的学生理查德·西蒙（Richard Semon）教授前往澳大利亚，去研究澳洲肺鱼的个体发育。西蒙的计划是获得数百个肺鱼卵，然后监视这些卵的发育过程。他在1891年来到这里，沿着伯内特河的上游来到一个人迹稀至的地方，在那里他搭起了帐篷，并雇了一些当地原住民替他找肺鱼卵，他们把这种鱼叫作"dyelleh"。不久，他找到了一条很大的雌性肺鱼，开始等待它产卵。他发现这种鱼会在水生植物的茎上产卵，所以当第一批卵被发现后，西蒙派他的团队去检查河里的每一种植物。他仔细地给每个鱼卵贴上标签，并按一定的间隔挑破鱼卵，将里面的胚胎用酒精保存起来。他的目的是要制作出一系列完整的胚胎发育过程浸制标本。然而，没过多久，他的鱼卵来源就断了。任何地方都找不到。西蒙很快发现了原因：尽管他严格禁止，但原住民还是抓了雌肺鱼并把它吃了。他惊恐地意识到，他不得不再等待整整一年，到下一个产卵季才能重新开展实验。

第二年，西蒙的工作顺利很多。这一次他雇了另一批更服从命令的原住民，而且他还提出，第一个带回鱼卵的人将得到 25 美元奖励。这一年，他们收集了 700 个鱼卵，贴上相应的标签并浸制起来。西蒙回到德国继续开展研究，并将研究结果写成了一篇详细的论文。他还了解到，澳洲肺鱼不像它的表亲非洲肺鱼和南美肺鱼那样会在泥土中夏眠，并且它唯一的肺也无法让它在干燥的陆地上生活。然而，他也发现，只要有足够的湿度，澳洲肺鱼仍然可以靠它的内鼻孔活命，就像它的两位表亲一样。他观察到，即使在大片干净的水域里，这种鱼也会不时浮出水面来吸两口空气。

至于澳洲肺鱼那外观奇特的叶状鳍，虽然在水里似乎可以当作腿用，但在陆地上却不够强壮，无法支撑身体。此外，西蒙对澳洲肺鱼个体发育的研究最重要的结论是，它不是两栖动物的直系祖先，而更像是近亲，这与之前的推测刚好相反。科学家们争相寻找第一条爬上陆地的鱼，这场比赛仍在继续。

确定生物间的亲缘关系是一个复杂的过程，科学家们一直在尝试利用新的方法来完成这项工作。生物学家基思·汤姆森（Keith Thomson）在他的《活化石——空棘鱼的故事》（*Living Fossil: The Story of the Coelacanth*）一书中讲了一个故事。在一次动物学会议上，宣读论文前，主持人问了大家一个问题：鲑鱼、肺鱼和奶牛这三种生物，哪两种亲缘关系最近（肺鱼也可以换成空棘鱼）？对于公众来说，答案似乎显而易见：鲑鱼和肺鱼的亲缘关系更近。但对动物学家来说，并非如此。对他们而言，答案应该是肺鱼和牛，因为它们属于演化树上的同一个分支，有一个共同祖先：四足动物至少是肺鱼的表亲（尽管隔了很多个亲戚），但是鲑鱼更早就分支出去，是肺鱼和奶牛所在分支的旁支。汤姆森用了一个类比来阐释：女王伊丽莎白一世、德皇威廉二世和玛格丽特·撒切尔夫人，哪两个人的关系最密切？虽然女王和前总理都是女性，都是英国人，也是这个国家 20 世纪后期的统治者，但是女王显然和德皇有着更近的亲缘关系，因为他们都是维多利亚女王的后裔。汤姆森的观点说明，破译生物之间的关系，不能只看外表，更要注意它们的亲缘关系远近，以及它们的共同特征所提供的线索。然而这些生物的特征往往是复杂的，而且各个特征还时常相互矛盾。

研究清楚地表明，在澳洲肺鱼、现生的空棘鱼、现生的两栖动物（如蝾螈）和常见的辐鳍鱼（如鲑鱼）之间，肺鱼与蝾螈有最多的共同点，而辐鳍鱼与蝾螈的共同点最少。空棘鱼介于两者之间，它的四肢、内耳和鳃等具有蝾螈的特征，表明它们之间存在某种关系，但还不足以表明它们的关系非常密切。

三种肉鳍鱼类祖先——空棘鱼化石、现在已灭绝的扇鳍鱼类以及原始的肺鱼类——之间具有很多共同特征，甚至它们与早期两栖动物，如鱼石螈，也有着很多共同特征。这些特征中，特别值得注意的是它们的头盖骨和偶鳍。依据化石复原的结果，我们可以看到，扇鳍鱼看起来很像今天的空棘鱼，不过是更加细长而娇小的版本，且拥有同样强壮的脊索和粗壮的鱼鳍。扇鳍鱼类大约在 3 亿年前的二叠纪早期就灭绝了。（空棘鱼的"重新出现"让人感到吃惊，在这之前，人们也认为空棘鱼已经灭绝了数千万年，所以在正式断定扇鳍鱼"死亡"之前必须小心谨慎。）

自 19 世纪这些动物的化石被陆续发现以来，科学家们就一直在争论肉鳍鱼之间的相互关系，希望他们偏爱的鱼类能被盖棺论定为真正的人类祖先。在 20 世纪上半叶，空棘鱼很受"宠爱"，荣耀后来传到了肺鱼身上，而后又传到扇鳍鱼身上，周而复始。即使是在第一条空棘鱼被发现 60 多年后的今天，也仍然没有定论。这场争论看来要持续下去了。目前最新的理论认为，肺鱼是第一种四足动物的"姐妹"，而空棘鱼是它的"表亲"，但这同样缺乏证据。即便通过 DNA 分析对其现生后代的遗传密码进行直接比较，也没有得到明确的结论。最近的研究结果表明，空棘鱼的染色体与原始蛙类的染色体非常相似，即肉鳍鱼与四足动物明显存在亲密的关系。但也仅此而已。在肉鳍鱼里，谁也没有比谁更接近四足动物[1]。

在 20 世纪 50—60 年代，米约和安东尼还无法对空棘鱼进行 DNA 检测。不管他们从研究中得到了多少东西，很多方面依旧成谜。姑且不说一些复杂的问题，比如空棘鱼到底处在进化树上的什么位置，他们甚至无法回答一些关于它的基本问题，比如它们是如何繁殖的。曾有一块化石显示出一条空棘鱼成鱼的身体轮廓

---

1 最新的 DNA 研究结果显示，肺鱼与四足动物亲缘关系更近。

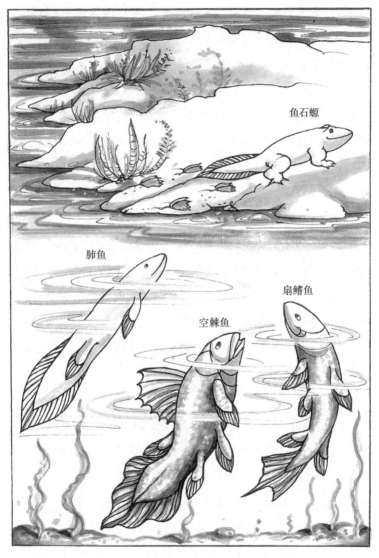

鱼石螈

肺鱼

扇鳍鱼

空棘鱼

4 亿年前，这三类鱼的一支离开海洋，征服了陆地

（凯瑟琳·G.麦科德绘）

内，有一个模糊的幼鱼印记。这条幼鱼被解读为空棘鱼会生下活着的幼体，即发育好的小空棘鱼。卵胎生的生殖方式表明这种鱼类生理构造高度精巧复杂，只有5%的鱼类会像哺乳动物一样，让胎儿在体内发育，并产出活的幼体。一条雌性鳕鱼会产下100万个卵，这些卵大部分会被水流冲走，而其中受精的相对较少；肺鱼则像大多数两栖动物一样，会在巢穴中产下巨大的、有卵黄的卵并保护它们，以免它们被捕食者吃掉。1955年，当米约第一次解剖空棘鱼时，这个理论显然站不住脚。米约发现，它像鲨鱼一样，在体内携带着巨大而娇嫩的卵——卵的大小如葡萄柚一般，是已知最大的鱼卵。也许空棘鱼并不是卵胎生动物，而是卵生？

经过多年的详细研究，米约和安东尼收集了大量有关空棘鱼的第一手资料。然而，他们的研究成果并没有得出明确的答案，而是引出了更多问题。空棘鱼不是解开人类演化历史之谜的唯一钥匙，仅仅通过对其解剖结构的观察也无法立刻打开通往其祖先的大门。只能说，在空棘鱼身上，集合了许多独有的特征，这些特征有的与两栖动物相同，有的又与鱼类相同，而且在数千万年的漫长过程中，面对种种困难，它们找到了独特的解决演化问题的方法。同样有趣的是，它是如何，又是为什么能在这么多其他生物灭亡时，存活如此之久的？为什么它能坚持下来，成为活化石呢？

当米约和他的同事们开启时光隧道，向世界揭示空棘鱼的内在秘密时，他们发现的不是我们远古祖先的蓝图，而是一系列令人困惑不解的特征。他们很快认识到，他们面对的并不是一个古老的活化石，而是一条现代的鱼，在它生活的 4 亿年里，它周围的世界——海洋和大陆——发生了翻天覆地的变化。它为了生存必须适应不断改变的环境。在空棘鱼的眼里，其他同类几乎没有活过超过一瞬间——甚至空棘鱼在原始海洋中漫游 1 亿年后，印度洋才出现。米约面前的解剖台上摆着的这条鱼不仅是与我们遥远祖先的一个联结，还有更多引人入胜的地方。

第七章　活生生的鱼

在早期调查中，米约就已经意识到，要回答为什么绝大多数生物都已经灭绝而空棘鱼却活下来这个问题，他必须亲自去看看空棘鱼是如何在自然状态下生活的。观察它四肢状的鱼鳍、研究它的肌肉是一回事，但观察它们如何使用这些结构又是另外一回事。对于科学界来说，找到一条活的空棘鱼至关重要。

这并不是件简单的事。1954 年，著名探险家雅克·库斯托（Jacques Cousteau）乘坐与他齐名的"卡里普索号"（*Calypso*）来到科摩罗群岛，尝试用他首创的深海潜水法拍摄空棘鱼。他根据米约的指导，在认为可能是空棘鱼隐匿的地方拍摄了好几卷照片。但这一次，即使是传奇的库斯托的法兰西魅力也没能把空棘鱼从它的藏身之处引出来。[1]

米约开始把注意力转移到当地渔民身上。科摩罗渔民乘坐狭窄的香蕉状独木舟加拉瓦（gawala）捕鱼。这种独木舟是用木棉树树干粗略制成的。一条独木舟并不比空棘鱼大多少。到目前为

1　库斯托在 1963 年和 1968 年又各尝试了一次，但都没能拍到活的空棘鱼。——原书注

止，一旦渔民捕到空棘鱼，就会立即把它杀死，或者割破颈部防止它挣扎，然后把它拖到船上。因为渔民们担心如果把宝贵的捕获物放在水中拖回陆地，很可能会引来鲨鱼或梭鱼的抢食，那样他们就会同时失去鱼和奖金。因此，为了激励大家捕捉活的空棘鱼，米约把奖金提高了一倍。他还着手设计了一个适合装鱼的船上水槽。

对渔民来说，即使他们从没捉到过活的空棘鱼，这一大笔奖金也已经具有足够的吸引力。一天凌晨，岛上一家小医院的居伊·阿泽尔（Guy Arzel）医生被急促的敲门声惊醒。他打开门，看到一个渔夫怀里抱着一条正在流血的空棘鱼。他恳求医生救救这条鱼。渔夫解释，他刚捕到这条鱼没多久，当他看见它出现在海里并且意识到它就是冈贝萨时，为了巨额奖金，他决心让它活着上岸。然而，当鱼浮出水面时，他乱了手脚，慌乱中他不断地用棍棒猛击鱼的头部。他希望阿泽尔医生能让它起死回生。不幸的是，这超出了这位法国医生的能力范围。他把鱼放在手术台上，不知该怎么办，只能站在一旁，眼睁睁地看着这个美丽的蓝色生命在他面前慢慢褪色，直至死去。

就在这之后不久，昂儒昂岛另一个渔民的运气显然要好很多。1954 年 11 月 12 日晚上 8 点，泽马·本·赛义德（Zema ben Said）在昂儒昂岛西北海岸的穆察穆杜附近 1 千米处捕到了第 8 条空棘鱼。那时正是满月过后两天，海面一片平静。泽马从它咬鱼饵的方式猜到这是一条冈贝萨，所以他从 140 英寻（256.0 米）深处慢慢地、小心地把鱼拖了上来。确认这条鱼就是"那种鱼"之后，泽马决心要拿到双倍的报酬。他用一根绳子温柔地从鱼嘴里穿进，再从鳃穿出，就这样把它拖回了穆察穆杜码头——虽然有时是鱼在拖着独木舟走。

管理人员很快接到通知，于是计划把一艘停在码头的7米长的捕鲸船沉到海底，将船底的塞子拔掉，让海水能够稍微流动。不到9点半，这个临时搭建的水族箱准备就绪。活的空棘鱼被放进去，船外罩了一层渔网，防止它逃跑。船每半小时摇晃一次，让新鲜海水流进来。据目击者称，这是一条深灰蓝色的鱼，像钟表弹簧那种铜片的颜色，还有一双黄绿色的眼睛。

当天晚上，穆察穆杜岛的居民聚到一起欢庆这一不菲的收获。他们唱歌跳舞直到天亮，定时查看这条宝贵的鱼。空棘鱼一开始显得很困惑，但总体上还算平静；它的胸鳍用奇怪的旋转和摆动方式保持缓慢的游动，第二背鳍、臀鳍和尾巴在控制方向。然而，随着太阳升起，它变得越来越痛苦，它试图藏在临时搭建的笼子的最阴暗角落，避开太阳的照射和热度。渔民在船的上方搭了几顶帆布帐篷来保护鱼不被太阳晒伤，但收效甚微。下午3点半，这条鱼开始肚皮朝上，只有鳍和鳃盖仍在痛苦地扇动。

米约乘专机从塔那那利佛赶来时，看到空棘鱼咽下了最后一口气。他把它从水中拖出来，盖上一条被单，立刻送到医院，在那里正式宣布了它的死亡。但这条鱼的状况完全可以用于进行科学研究，泽马因此得到了约定的双倍奖金。

"毫无疑问，它的死亡是水压降低和升温导致的。"米约发表在《自然》杂志上的文章写道，"……还必须指出，空棘鱼刚到码头附近时显得十分痛苦，但一小时后，它的状态似乎得到了明显恢复，之后也没有明显的不良反应，还舒服地度过了后半夜。日出后，可能是由于太阳照射，也可能是由于水温升高，引发了空棘鱼的不适，最终导致了它的死亡。"米约建议，下次再做这个实验，应该把空棘鱼关在水下50~200米的地方，等观察或拍照时再把它拖上来。

遗憾的是，再没有下一次了。在米约研究科摩罗空棘鱼期间，他组织的多次试图捕捉或拍摄活的空棘鱼的行动都宣告失败，泽马是唯一获得200英镑奖金的科摩罗渔民。

在传奇式的科摩罗之旅结束四年后，史密斯已经有相当长一段时间没有出现在与空棘鱼有关的故事里。虽然他对第一条空棘鱼的研究深入细致，但由于那条鱼缺少软组织，所以他对空棘鱼内部器官如何运作这方面没能做出太多贡献。而在法国人得到了自己的标本后，史密斯更是进一步把解剖工作交给了米约和他的团队，马兰鱼则将永远陈列在他的鱼类学系。

不过，他始终觉得他对这种生物负有某种管辖权，毕竟是他把它介绍给世人的。他选择最庄严的竞技场——《泰晤士报》的读者来信版——对法国人处理空棘鱼漫不经心的态度进行了猛烈抨击。他的来信在1956年6月4日刊登：

敬启者：

埃里克·亨特船长已在船难中悲惨地丧生。1952年，他因在法国科摩罗群岛发现第二条空棘鱼这件事声名大噪。这不禁让我想起，距我们知道这种鱼幸存于此地已有三年了。相信大家还记得，在当时背景下，出于科学研究的目的，我们必须找到一条完整的空棘鱼。不久后，法国人禁止外国科学家在科摩罗海域寻找空棘鱼，并且"建议"由法国来主导这项国际性的探索……

科摩罗群岛具有独特的地质构造，岛上陡峭的斜坡一直延伸到海洋深处……所有的证据都表明，这个地方不可能生活数目众多的空棘鱼。但如果这里是空棘鱼的唯一生存地（这种可能性很高），那么说明它们总共也就只有数百条而已。在过去三年里，法国人已经捕获了10件标本，就数量而言足以对这种鱼进行全面的研究。科学界乃至全世界再也不需要更多的死的空棘鱼了……

对于这种非凡的生物，我一直抱持发自内心的极大兴趣，也正因如此我对它们所面临的现状极为不安……试想，如果在某处偏远的丛林里发现了一大群恐龙，有人利用高额赏金诱使当地人去猎杀它们，这种行为无疑会遭到全世界谴责。科摩罗的空棘鱼正如恐龙一样。空棘鱼是科学界最重要的谜题之一，然而现行政策却将意义非凡的科学探索降格为对生命史上最宝贵物种的愚蠢屠杀。

科摩罗岛属于法国，但空棘鱼属于科学界和全人类。法国科学当局在这件事上应负最大责任。向当地人悬赏捕捉空棘鱼的政策应该立即取消，或是改为对捕杀空棘鱼的人进行最严厉的惩罚……

你最诚挚的，

史密斯

被抨击方迅速而愤怒地进行了回应。第一个出场的是大英博物馆馆长加文·德比尔（Gavin De Beer）。他的回应发表在第二天的《泰晤士报》上：

> 史密斯教授的来信暗含对法国科研方式方法的批评，但他所言并不正确。当他说10件标本对于科学研究已经足够时，他似乎忘了，这10条鱼中只有两条是雌鱼，而且这两条鱼都不能揭示空棘鱼的繁殖方式是卵生还是直接产下幼鱼的卵胎生……
>
> ……当史密斯教授说，科学界乃至全世界不再需要更多空棘鱼标本时，他似乎忘了，他的手里的确有一条空棘鱼标本，而其他博物馆，比如我所在的博物馆，同样也需要这种鱼的标本，而慷慨的法国同事答应提供给我们。

一周后，史密斯的主要攻击目标米约博士也在《泰晤士报》为自己进行了辩护。同时，他也设法对这个南非人进行了——也许是他应得的——不太光彩的攻击：

> 如果史密斯教授是位解剖学家，他就会意识到，若要对

不同性别和不同生长阶段的空棘鱼进行广泛的解剖学、组织学和化学研究，十几件标本（目前我们的标本数量还没有这么多）肯定是不够的……我可以向读者保证，迄今为止捕到的空棘鱼，没有一条是多余的……

他向科摩罗当局的高度配合表达了敬意，同时又给了史密斯猛烈一击：

需要特别指出的是，他们（科摩罗人）保护空棘鱼免受深水炸弹的轰炸，这一点值得赞扬；而史密斯教授曾经两次提出这样做，这难以置信，但千真万确。

到 1960 年，米约确定他们所获得的空棘鱼标本已经足够，于是开始对外分发多余的空棘鱼。鉴于大英博物馆在《泰晤士报》上对史密斯一役中的精彩表现，他们获得了第 14 条空棘鱼；第 21 条则被送去了哥本哈根的动物学博物馆。这些博物馆的空棘鱼都只能用于展示，而不能作为研究材料进行解剖。

又过了几年，米约显然厌倦了自己的慷慨。1962 年，参与抢救泽马鱼（第一条活着的拉蒂迈鱼）的加鲁斯特医生写信向史密斯抱怨，他把鱼寄给在塔那那利佛的法国科学研究所三月有余，仍未收到他们的回执。"我们提出要求，但（他们）没把奖金给渔民。总之，他们态度消极，显然对这件事已经不再感兴趣，所以我想也许还有其他科学家可能会对我们捕的鱼感兴趣。"他准备把第 26 号标本送给史密斯，那是一条非常大的雌鱼，体长 1.8 米，重达 95.0 千克。然而，史密斯婉拒了他的好意，并建议将这条鱼转赠给美国自然历史博物馆（American Museum of Natural History），后者心怀感激地接受了这份礼物。史密斯觉得，有关法国人已经进行过的详细研究工作，他已经没有什么好补充的了。据为人坦诚的玛格丽特说："史密斯一直认为，第一条空棘鱼已经给了他别人一生都无法企及的东西。"

20 年来，空棘鱼一直占据着史密斯心中最重要的位置。当他拒绝收下那条新鲜的鱼时，相当于承认它已经不再是"他的鱼"，而是"法国人的空棘鱼"了。然而，他并没有从此放慢脚步。他撰写的《老四足鱼——空棘鱼的故事》一书在 1956 年出版。他的儿子威廉很肯定地说，有一天史密斯去克尼斯纳钓鱼，突然有了整本书的框架，于是他只用 10 天时间就完成了这本书。这本书在伦敦和纽约出版，书名为《海底追寻》（*The Search Beneath the Sea*），并被翻译成德文、法文、俄文、爱沙尼亚文、南非荷兰文、斯洛伐克文和荷兰文。在书的献词页上，史密斯写道："献给玛乔丽·考特尼-拉蒂迈小姐，南非最出色的女性之一"。开篇第一句话就很符合史密斯这样一位纯粹科学家的个性："古往今来，有许多美好的时代，而生活在现代是令人振奋的。然而更让我振奋的是，可能在 100 年或 1000 年后我仍然生活在这里，因为在不久的将来要发生的事情肯定会引起科学家的强烈兴趣。"

史密斯夫妇后来完成了新版的《非洲南部的海洋鱼类》，在威廉的陪同下去了塞舌尔群岛后，他们又出版了《塞舌尔群岛的鱼类》(*The Fishes of the Seychellles*)。直到1957年，史密斯才不再进行海上探险，但是他依然会参加国外会议；1960年，考虑到自身健康状况，他完全停止了旅行，专注于室内的科研工作，继续对工作人员和学生进行魔鬼式"逼迫"。

毫无疑问，史密斯也有感性的一面，但随着年龄的增长，这一面越来越少表现出来，他是出了名的没有耐心。当时，一家钓鱼杂志的年轻作家雪莉·贝尔(Shirley Bell)是为数不多的他愿意花时间相处的人，所以她记忆中的史密斯和巴尼特笔下严厉的教授是完全不同的。她曾收到史密斯的一封信，信里对她的一篇文章大加赞赏。"我们的友谊也由此开始。"她回忆道，"他给我写了很多信，笔迹细长工整。信中他会探讨我在杂志上刊登的他的文章，聊他们鱼类学领域的新进展，给出一些建议，也会对我提出的问题做出精辟回答，还有亲切的关怀……都是非常美好的来信。"

她又解释道："他对每件事都不厌其烦，本能地追求严谨，留意每一个他认为该注意的最细微的细节。他以冷漠甚至古怪著称，他无法容忍愚蠢的人，但在我们相处的这几年，我看到的他并非如此。"

史密斯还和拉蒂迈保持着密切的往来。在他收藏的信件中，有很多是写给拉蒂迈的有关鱼类的热情洋溢的信件副本。他的另一个好伙伴——也是鱼类爱好者——是一只出生于1959年、名叫马林(Marlin)的小猎犬。他们鲜少分开。无论史密斯去哪里，不管是在车上、船上，还是在格雷厄姆斯敦的长时间散步路上，马林都陪伴着他。[1] 1964 年，马林甚至陪史密斯一家参加了拉蒂迈小姐的伯德岛之行，显然他们都很享受这趟旅行，这可以从史密斯之后给灯塔看守人和他妻子的感谢信中看出："我们在工作中去过很多不同寻常的地方，但我相信我们永远都不会忘记伯德岛。回程还算愉快，不过马林非常痛苦，它讨厌船晃。大概是因为它在追兔子时把自己累垮了，好几天它的脚都很痛。"

　　同年，马林的脚痛还没来得及恢复好，空棘鱼的故事就翻开了另一个奇妙的新篇章。就像 1949 年神秘出现的坦帕鳞片一样，新发现表明空棘鱼可能在全世界都有分布。阿根廷化学家拉迪斯劳·雷提博士（Dr. Ladislao Reti）拜访了一个在西班牙毕尔巴鄂（Bilbao）附近的乡村教堂。在那里，他看到墙上挂着一个奇怪的银制鱼模型，是祈祷者还愿时的谢礼。它大约有 4 英寸（10.2 厘米）长，制作精美，有着明显的成对肉鳍、额外的背鳍和小狗一样的尾巴，另外，这条鱼的头盖骨间还有一个关节，打开后会露出中空的内部。雷提博士把这个模型买下来带回家，并把它交给了鱼类学家巴勃罗·巴丁博士（Dr. Pablo Bardin），巴丁博士认为它就是空棘鱼。

　　不久后，在距离毕尔巴鄂不远的托莱多（Toledo）市，比利

1　1993 年，就在史密斯和马林曾经每天散步的路上，罗得斯大学的科学家从附近海滩的岩石里，挖掘出很多鱼类化石，其中就包括 7 条空棘鱼化石。这个地方离格雷厄姆斯敦只有 2 英里（3.2 千米）远。——原书注

时生物学家莫里斯·斯坦纳特（Maurice Steinert）买下了一条更为精致的银制空棘鱼。这两件银器被送到不同的专家那里鉴定，结果表明它们都来自中美洲，制作年代可以追溯到 17 或 18 世纪——早在全世界开始关注空棘鱼之前。制作它们的工匠绝对不可能远渡科摩罗岛去寻找灵感，难道这些鱼就生活在离他们家很近的地方？

史密斯把生命的最后几年都献给了鱼类学专著的撰写和鱼类学系的教学工作。他的决心从未动摇：从他第一次对鱼类学产生兴趣起，已经发表了 500 多篇关于鱼类的论文，命名过 370 个新物种。其中有 4 种他特别献给了他的妻子兼工作伙伴玛格丽特。在命名玛氏似唇鱼（*Pseudocheilinus margaretae*) 的时候，他难得地表露出些许个人情感："这种异常美丽的生物代表着我对妻子的感激。她在我们研究工作各个阶段中的贡献可能比我更大。"

史密斯身上有很多荣誉，也有很多头衔，包括南非皇家学会会员、美国鱼类和爬虫学会荣誉外籍会员、伦敦动物学会外籍通讯会员等。但最近他拒绝了一些荣誉，他这样回复某家机构："把它（荣誉）给那些还在事业上升阶段，并会因此心怀感激的年轻人吧，这对我来说是种浪费。"不过，在 1968 年 4 月，他还是同意被授予罗得斯大学的荣誉科学博士。

在他生命的最后两年，史密斯感到自己的心智能力大大降低。玛格丽特接替了丈夫在鱼类学研究上的繁重工作。他的视力在下降，还很担心自己中风，因为他大学时最好的朋友之一、内政部前

在西班牙发现的银制空棘鱼，据信来自中美洲。

（汉斯·弗里克摄）

部长多涅斯，就在几年前死于中风。史密斯对自己的身体了解得一清二楚，但他还是害怕成为卧床不起的无用之人。

　　1967年11月底，他给了他的秘书琼·波特一张大额支票。这是她所预期的圣诞节奖金的两倍。史密斯对她说："我希望你能收下它。"在圣诞节，他在他儿媳、罗伯特的妻子格尔德（Gerd）的前额上吻了一下。她回忆说："我很惊讶。那是他第一次这样表达情感。"同年晚些时候，当他看到自己的老朋友拉蒂迈小姐时，他也同样坦率。"他每次来到东伦敦，我们都会共进午餐。这次也一样，当我们吃完饭，我走到车边跟他说再见时，他伸出胳膊搂住我的脖子，吻了我的脸颊。我觉得很奇怪，他以前从来没有这样做过。然后他说：'嗯，小姐，你干得不错，继续努力。'我笑了，他会说出这样的话很有趣。"

1968 年 1 月 8 日，70 岁的史密斯在位于格雷厄姆斯敦的家中服用了致死剂量的氰化物。这是他精心策划的自我了断，干净利落。他留下两张纸条。一张是写给玛格丽特的：

> 再见了，我的爱人，感谢你给了我美好的 30 年。我要到楼上仆人的房间去了。小心。氰化物。

另一张则是他的内心独白，他用打字机敲下这些话：

> ……这些年来，我患了严重的抑郁症，一只眼睛视力几乎完全丧失……背部的压迫感让我心烦意乱……我一直活在担心自己会卧床不起的无助的恐惧中。我更喜欢以这样的方式离开，可以简单地期盼一份自然。[1]

全世界众多科学家、钓鱼爱好者以及史密斯的朋友都在哀悼他的离去。玛格丽特收到了潮水般的慰问与致意。"我一直珍视我们的友谊，尤其感谢他对我的关心和他给我的明智建议。"南非科学家 R. 利弗西奇（R. Liversidge）写道，"我从他身上学到了很多，比我意识到的多得多……特别是他对待科学、行政人员和同僚所持的睿智态度。"

1　这两张纸条都从史密斯的档案文件中消失了。——原书注

史密斯和爱犬马林在克尼斯纳，摄于 1968 年他过世前不久
（史密斯研究所供图）

大英博物馆的汉弗莱·格林伍德（Humphrey Greenwood）说：“当我还是学生的时候，我对他的成就心怀敬畏。如今，在我经历了多年类似的科研工作之后，我的敬畏之情更深了。”在东伦敦博物馆为纪念史密斯而举办的展览开幕式上，科学与工业研究理事会主席 H. J. 范埃克博士（Dr. H. J. van Eck）把史密斯夫妇在科学上的合作关系比作居里夫妇和韦伯夫妇。

史密斯的朋友丁尼·内尔（Dinnie Nell）哀叹道：“我现在仿佛又看到了他，和我以前认识的一样，瘦瘦的，有男子气概，无所畏惧，而且无论是面对人还是科学事实与理论时，他都是绝对诚实的。”鱼类学系的图书管理员多丽丝·凯夫（Doris Cave）写道：

"在我所有的朋友和熟人中，我有事会第一时间去找他，并且总是能得到温暖的同情、建议和必要的帮助。"

他的老朋友拉蒂迈小姐在得知噩耗后悲痛不已。她在给玛格丽特的信中写道："我们能认识他何其荣幸！他是个聪明绝顶的人，结识他我非常非常地幸运。"

第八章　科摩罗风波

　　1963 年，法国当局认为他们已有足够的标本用于研究，就把研究基地转移到了位于巴黎的法国国家自然历史博物馆（Museum National d'Histoire Naturelle）的一个特别实验室，并且放权科摩罗地方政府自行处理之后捕到的空棘鱼。科摩罗人对此非常高兴，他们制定了一项政策，渔民必须以 100 英镑的价格将空棘鱼卖给政府，然后由政府处置这些鱼。科摩罗的所有学校都散发了图片和小册子来解释什么是空棘鱼，教育孩子回家把这些信息告诉父母。科摩罗仅有的一架飞机也被用来处理鱼：无论何时，只要捕到空棘鱼，飞机都会立刻把它送到首都莫罗尼（Moroni）的冷藏库。但法国人仍然监视着空棘鱼的捕获量，一直到 10 年后科摩罗宣布独立，法国人撤离为止。记录显示空棘鱼的捕获量一直在增加。1965 年他们捕获了 9 条空棘鱼，次年捕获了 6 条。

　　在 1952 年前，人们并不知道在科摩罗有空棘鱼，这也侧面反映出科摩罗地理位置偏远。传说所罗门王在耶稣诞生前 1000

年，在这个遥远的印度洋岛屿上娶了示巴女王（Queen of Sheba）为妻，不过新的考古证据表明，第一批定居者来到此地是在公元1世纪左右。他们从印度尼西亚出发，乘着狭窄的独木舟穿越印度洋，航行了6000英里（9656.1千米）。他们乘坐的独木舟和如今渔民使用的加拉瓦独木舟外形相似，不过要长好几倍，也有两支同样的船桨。他们是海的子民，在他们移民到西印度洋的小岛的同时——先是马达加斯加，然后是科摩罗——也带来了生活技能和技术。

科摩罗四岛犹如四颗美丽的宝石，串成了莫桑比克海峡的一条项链。此地火山土壤肥沃，海水中更是充满财富。我们不知道他们什么时候第一次捕到了空棘鱼这种被叫作冈贝萨的怪鱼，但很可能他们在几百年甚至几千年前就已经捕到过它。大多数时候，他们一捕到这种鱼就干脆扔掉。因为他们想要的是油鱼[1]（nessa，学名 *Ruvettus pretiosus*）。油鱼在市场上行情不错，直到今天依然如此。人们买它是因为它的药用价值——富含油脂的鱼肉既可以作为通便的药剂，也可以作为驱蚊剂。至于冈贝萨，在斯瓦希里语中的意思是禁忌之物，它的味道很糟糕，油腻的鱼肉还会引起剧烈的腹泻。它的价值在于它的古老血统，而科摩罗人对此既不了解也不关心。

几个世纪以来，除了最初的科摩罗原住民，又来了阿拉伯人、从波斯来的谢拉兹人，还有非洲的移民。直至今天，你在科摩罗

1　油鱼是蛇鲭科棘鳞蛇鲭属的唯一一物种。

人身上还可以清楚地看到这些祖先血缘的融合。就在公元570年，穆罕默德出生后不久，一名科摩罗使节带着一位哈里发从阿拉伯回来，这位哈里发使这个国家皈依了伊斯兰教。

到15世纪，这些印度洋岛屿成为海上贸易中心，由渴望权力的苏丹统治，各岛屿间战乱不断。往返于富裕的东非海岸的船只会顺路停靠在科摩罗，进行大米、龙涎香和奴隶贸易。这也不可避免地引起了海盗的注意。以往海盗常躲在隐秘的海湾，随时准备突袭超载的商船。然而到19世纪初，科摩罗陷入内战，苏丹们互相征伐，竞相向法兰西岛（Île de France，现在的毛里求斯）和塞舌尔群岛上急切的法国农场主提供奴隶劳工。

1869年，随着奴隶贸易结束和苏伊士运河通航，科摩罗人不再占据国际贸易舞台的最佳位置。到19世纪末，一年只有两三艘船停靠在这些岛屿，整个国家陷入困顿。法国在这时趁机介入，1946年，科摩罗正式成为法国殖民地。从此法棍面包和巧克力面包就像鱼、米饭和木薯一样，变成科摩罗人日常饮食的一部分，直到今天，在莫罗尼的每个街角，都还能看到提着硬皮法棍面包袋子的科摩罗女士。

科摩罗群岛是法国殖民地中最小和最偏远的地方之一，甚至连法国外交部都很少注意到它们的存在，直到1952年发生了灾难性的史密斯"侵夺空棘鱼"的外交大事件，人们才将注意力集中在它们身上。科摩罗不过是一颗水滴，装在法国外交部保险箱中的一颗小水滴。当马兰鱼被发现并昭告天下时，跑去翻地图的可不只史密斯一个人。

位于科摩罗首都莫罗尼的星期五清真寺

（马克·弗莱彻摄）

空棘鱼促进了科摩罗人的自豪感和当地经济发展。昂儒昂岛的标本制作师西迪·巴卡里·帕帕（Sidi Bacari Papa）忙得不可开交，因为来访的各国元首和政要都希望收到一条剥制或冷冻的空棘鱼作为礼物：联合国收到了一条，法国总统密特朗（Mitterrand）和南非外交部长博塔（Botha）也收到了。这是其他任何国家都无法给予的礼物。空棘鱼的图案被印在科摩罗的硬币和纸币上，被印在五颜六色的海滩裙和 T 恤上，还被设计成精致的黄金胸针和项链吊坠，作为新娘的结婚礼物。1986 年 12 月，科摩罗内政部长宣布拉蒂迈鱼是"人类的共同遗产"，科摩罗人是它的管理者。

渔民也从捕获空棘鱼中受益。这些岛屿过去极为贫穷，对大多数人来说，自给自足的农业和捕鱼是他们的生活方式。挨饿的人很少，但发财的人更少。科摩罗社会有严格的阶层划分：最顶层的是沙里夫（Sharifs），先知穆罕默德的后代；他们之下是知识分子、清真寺的名人、公务员和教师；然后是农民；在农民之下，位于这个社会最底层的是渔民。他们被认为是粗人，说话大声，喜欢大吵大闹。一般来说，渔民的儿子和孙子依然是渔民，他们会娶渔民的女儿为妻。即使他们努力成为知识分子，也还是会受到社会的排斥。科摩罗有句谚语：就算你把鱼做成了鱼汤，它也依然散发着鱼的味道。

空棘鱼一度改变了这一切。抓到空棘鱼的渔民突然变成了英雄，受到当地白人的热烈追捧。这些白人徘徊在渔村附近，不断怂恿渔民去捕捉空棘鱼，并渴望了解捕鱼过程的所有细节。除了

作为科摩罗的文化象征，空棘鱼形象被印在该国的硬币和钞票上

（汉斯·弗里克供图）

1938年古森船长偶然捕到的那条空棘鱼，其他所有空棘鱼都是科摩罗渔民用传统技术捕获的。

在大科摩罗岛西南海岸一个叫伊仑曹（Itsoundzou）的村庄，渔民们站在黑色的火山岩海滩上，迎接一天中最后一缕粉色的阳光，准备乘着他们的加拉瓦独木舟启航。他们的身材矮小而结实，穿着破旧的T恤和带破洞的短裤，头上戴着破烂的棕榈叶帽子，迅速把独木舟划向海中央。在离海岸不远的地方，他们会停下来放鱼线，很快又把线拉回来，这时鱼钩上会多出一条当地人称之为 *roudi* 的银色小鱼，他们用这种鱼做空棘鱼的诱饵。

渔夫们将诱饵小心地沉到船底，然后蹲坐到横搭在狭窄独木舟的两张长板上，两膝并拢收在腋下。他们左右手交替挥舞着唯一的短桨，奋力划向大海。他们的船速很快，船身也控制得很好。这很不容易，因为即使有细长的舷外支架，这种独木舟也不稳定，如果有人突然向一边移动，船很容易就翻了。

　　太阳降到海平面以下时，海平面会升起垂直向上伸展的云，从中透出昏暗的光线，看起来就像阴森恐怖的哥谭市（Gotham city）。暮色降临，除了偶尔驶过海岸公路的汽车车灯，没有任何光源（即使在今天，大科摩罗岛以南这些偏远的地方依然没有通电），但渔民们十分清楚自己要去的方向。他们自出生以来的每个夜晚都是在这片漆黑的海上度过，对每一块礁石、每一处洞穴，海床的每一次下降与隆升，都无比熟悉。在离海岸约 500 米的地方，渔民们小心翼翼地把桨放在独木舟上，准备好鱼钩。他们在寻找油鱼，一种生活在半深水域的又大又丑的鱼，顺便也寻找和油鱼生活在同一片海域的空棘鱼。这两种鱼的大小和重量都很相似，可以用同样的方法捕捉。

　　新月在墨黑色的水面上投下柔和的光芒，油鱼和空棘鱼不会冒险在满月时分游出来，那时的月亮把天空照得太亮了。渔民们把从海滩上捡来的两块扁平的黑石头绑在鱼钩上方大约 45 厘米的地方，他们把这种钓鱼方式叫作 mazé。然后，他们垂直放下鱼线，直到它触及海底，放线的过程中他们会用手臂进行测量，一臂长度算作 1 米。当沉石触到海底时，他们就把鱼线抬高一两米，然后有技巧地猛力一拉，让石头松脱。他们会用手臂快速地来回摆动鱼饵，用手指感觉鱼饵的移动。

整个过程有一种奇妙的静谧感。唯一的声音是渔民划动夹在胳膊下的桨时发出的柔和的涟漪声，以及鱼儿上钩时突然爆发出的声响。独木舟彼此挨得很近，但渔民很少交谈，在沉寂中有一种舒服、安心的感觉。这是一项危险的工作——在风大浪高的夜晚，有些渔民会永远消失，再也回不来。每一个漫漫长夜，在繁星点点的南半球天空下，他们都待在自己的独木舟里，直到凌晨才会划回岸边，把独木舟拖到光滑的圆形黑色火山岩边，带着捕获的鱼回到自己的小屋，直到黎明鱼市开始。不过，如果他们钓上来的是冈贝萨，那就没有时间浪费了——他们必须在鱼开始腐烂前找到那些疯狂的白人。

卖出一条空棘鱼可以让渔民一下子赚很多钱，比大部分岛上居民 5 年赚的都多。即使在今天的科摩罗，100 英镑也是一大笔钱，足以让渔民走进科摩罗的上等社会阶层，让一个普通的村民成为受人尊敬的名人。

姆泽·拉马利·希拉（Mzé Lamali Hila）从 10 岁起开始钓鱼。他说尽管自己现在已经 100 多岁了，但晚上还是会从藤床上爬下来，坐上加拉瓦独木舟，和渔民一起出海钓鱼。最近他的收获并不多。"但我抓到过四条冈贝萨，"他骄傲地说，"我记得当我还是小孩的时候，我父亲也抓到过一条。它不好吃，但我们用它来治很多病，胃部不适、皮肤长斑、腰疼等。我第一次抓到空棘鱼已经是很久以前的事了。"一小群人围坐在姆泽破旧的棕榈小屋门口，这位老渔民开始用悦耳的、低沉的声音向听众讲述他的故事。"我用 mazé 这种方法，把石头沉进海底，随后我就感觉到有鱼上钩了。我慢慢把它拖到船上；这花了将近两个小时，这条鱼非常重。当我把它弄到海面上之后，我用一个很大的钩子钩住它的嘴，将它固定在船上。我把它拉到岸边时，它还激起了一个大浪。在白人来这里之前，它没有任何价值——你没法在市场上把它卖掉。所以通常在第二天，我们就把它煮来吃了。它的味道不好，肥肉太多，很难吃，大部分人都不吃它——只有一些孩子和住在山上的人会吃。如果你吃了冈贝萨或油鱼，那你就得去洗澡，因为它会让你不停地拉肚子。"最后这句话逗乐了听众。1952 年后，他的境况好多了。他卖掉了抓到的第二条空棘鱼，获得了 10 万科摩罗法郎（相当于200 英镑）；他捕到的第三条和第四条鱼分别卖了 5 万和 4 万科摩罗法郎。有了这样的奖励机制，每个渔民都迫不及待地想钓到一条冈贝萨。虽然没有证据表明，只要有需求渔民就能捕到空棘鱼，但金钱的激励会诱使更多渔民出海，捕获量自然会大大增加。

　　科摩罗政府开始做起了空棘鱼生意。1966 年，在耶鲁大学（Yale University）皮博迪自然历史博物馆（Peabody Museum of Natural History）工作的生物学家基思·汤姆森收到了来自科摩罗政府的促销信，信中说，任何动物学研究机构都有机会以 400 美元（含邮费）的优惠价购买属于他们自己的空棘鱼。这个价格虽然不菲，但即使放到现在，空棘鱼在世界上大多数顶级自然历史博物

　　　　　　　寻找我们的鱼类祖先：四亿年前的演化之谜

暮色中的科摩罗渔民

（马克·弗莱彻摄）

馆仍然占据相当尊贵的地位。于是皮博迪自然历史博物馆设法买了一条新鲜的冷冻空棘鱼，在解剖前，它被放在一个冰淇淋冷冻柜里对外展出。汤姆森在报告里提到，康涅狄格州的大部分人都来看过这条鱼。"这肯定是史密斯曾经忍受过的场景的一个缩影。博物馆的大厅酷似人头攒动的列宁墓。"

1972 年，在法国人永久撤离科摩罗后，其他国家的探险队立即获准在岛屿周围寻找自己的空棘鱼。他们想要活着的标本，然而，除了几条被拖到浅水区垂死挣扎的鱼外，没有人见到过活着的空棘鱼。

第一个拍到活的空棘鱼照片的人显然会获得丰厚的酬劳。因此，很多摄影师不惜一切代价也要拍到它。1953 年，在法国人捕获他们的空棘鱼后仅一个月，由佛朗哥·普罗斯佩里（Franco Prosperi）带领的意大利探险队声称在马约特岛附近拍到了一条活着的空棘鱼。在他的著作《消失的大陆》（*Vanished Continent*）中，普罗斯佩里描述了他是如何倚靠在小艇的一边，探身注视着浅水。"一条奇怪的鱼吸引了我的注意，我盯着它看了好几分钟。它停在海面下大约 40 英尺（12.2 米）深处的一块珊瑚礁上休息。如我所说，它没有在游动，而是待在珊瑚礁上，连鱼鳍都懒得动……我仔细地研究它平躺的身体，突出的躯干，还有遍布全身的深色鱼鳞……"他从它奇怪的鳍认出这是一条空棘鱼，他的"心怦怦直跳"，他潜进水里向它游去。"我从取景框里看清了它身体的轮廓。"他写道，"我注意到，它身体结实，鳍像小铲子一样从肉叶状的末端伸出来。"他拍了张照片，但遗憾的是，"突如其来的快门声和随后胶卷转动的机械声，让鱼一下子清醒过来。它迅速转身向海底游去，这样的速度对它笨重的身体来说简直就是不可思议。我正要试图追上它时，法布里齐奥（Fabrizio）从我右边游过，正在瞄准"。

对空棘鱼来说幸运的是，法布里齐奥没有开枪。不久后，法国就颁布了禁止外国科学家捕捉空棘鱼的法令，空棘鱼在意大利人和他们致命的水下武器面前得以保全。这张唯一的空棘鱼照片被收入《消失的大陆》，还被夸张地宣称为第一张"活的空棘鱼"照片。有人立刻怀疑这是科学造假，因为照片很不清楚，另外还有各种线索表明这是一次伪造的"相遇"。首先，从没有人在马约特岛或这么浅的水域见到过活的空棘鱼；其次，活的空棘鱼也并非"全身都是深色鱼鳞"，它身上还覆盖着很多白色的斑点；再次，从没有人观察到它在休息，也没有人观察到它接触过珊瑚的表面。因此，大部分空棘鱼专家断定这张照片是伪造的。

13年后，一位名叫雅克·史蒂文斯（Jacques Stevens）的法国摄影记者向《生活》（Life）杂志兜售了一篇报道，声称拍摄到了空棘鱼在"昏暗而隐蔽的"深海中游动的画面。他夜间潜水时，"在水下130英尺（39.6米）可怕的黑暗中，一条空棘鱼出现了"。这条鱼"被黏液覆盖着"，"用磷光闪闪的大眼睛盯着我"。然而，对史蒂文斯和后世而言遗憾的是——当时他的摄像机卡住了，而相机的闪光灯似乎吓到了这条鱼，他说自己只拍了两张照片，空棘鱼就游走了。

这篇报道发表后，科学家很快察觉到，这一切并不完全像史蒂文斯所描述的那样。这条鱼是在浅水区珊瑚的映衬下拍摄的，照片本身很亮，环境中有明亮的自然光线。此外他们还看到，空棘鱼的吻端有明显的被鱼线摩擦过的痕迹；鱼的眼睛浑浊，是典型的紧张表现。在科学家看来，这条生活在深海里的鱼其实是被当地渔民以惯用的方式捕获，然后被带到浅滩的。史蒂文斯只是在那里拍下了它垂死的照片而已。

另一个法国人，当地的潜水高手让－路易·热罗（Jean-Louis Géraud），则毫不讳言自己拍到的是空棘鱼的濒死状态。"太棒了，"他用带有浓重口音的英语说道，"就像在花园里看到了恐龙一样不可思议，但这是一只美丽的恐龙，因为它游泳的姿态就像是在舞蹈。"

1972 年，一支由法国、英国和美国联合组成的探险队尽管没能成功捕获自己的空棘鱼，但在当地渔民捕到两条空棘鱼时，他们就在现场。其中有一条相当大的雌鱼，人们当场解剖了它，发现它肚子里有 9~10 个巨大的像葡萄柚一样大的卵，每个卵重约 3/4 磅（300~350 克）。这是世界上最大的鱼卵，他们认为这进一步说明空棘鱼是卵生，而不是产下活体幼鱼。

但在 1975 年，也就是史密斯首次研究空棘鱼的 36 年后，这个结论被推翻了。科摩罗在艾哈迈德·阿卜杜拉（Ahmed Abdallah）的领导下单方面宣布独立，限制国际科研机构研究空棘鱼的禁令也随之解除。美国自然历史博物馆立即对他们的第 26 号标本动手解剖，这条超大的空棘鱼最初是乔治·加鲁斯特医生打算提供给史密斯，但被他婉拒的。当美国自然历史博物馆研究人员打开这条鱼的肚子，惊奇地发现里面有5条几乎发育完全的空棘鱼幼鱼，近30厘米长，每一条都附在一个大的还没被完全吸收的卵黄囊上。[1]化石证据终被证实：空棘鱼的确是一种卵胎生动物。

了解到这一点意义重大。如果早期空棘鱼也是生出幼鱼而非产卵，那么这种行为可能就比最早的哺乳动物还要早1亿年。[2]同时，这也表示，空棘鱼种群的增长速率非常缓慢，一般认为空棘鱼的孕期超过1年，而且每次只生产5条幼鱼，那么对这种规模本来就不大的空棘鱼来说，更新速率必然非常缓慢，而任何捕食风险的增加都可能使它们在短期内灭绝。加拿大圭尔夫大学（Guelph University）的尤金·巴隆（Eugene Balon）领导的研究团队进一步推测，相对于卵子的数量众多，胚胎数目却很稀少，这就是食卵行为（oophagy）的证据，或称子宫内同类相残，这种现象在鲨鱼中很常见。而这一理论立即被另一组空棘鱼专家反对——但真相到底是什么，他们都不确定。因此，捕获一条活的空棘鱼的呼声越来越高，人们认为这将有助于对此类问题开展深入研究。

斯坦哈特水族馆（Steinhart Aquarium）为此提高了奖赏，承诺不仅为成功捕获活鱼的渔民提供金钱奖励，还提供为期两周的免费麦加（Mecca）之旅。但仍然没有成功。因为空棘鱼一旦离开

---

1 1975年3月24日，东伦敦《每日快报》报道，加州的科学家品尝了这条空棘鱼的鱼片。他们把鱼肉解冻，然后煮熟吃了。约翰·麦科斯克（John McCosker）博士说："绝对是人间美味。"——原书注

2 现在已经知道，最早的卵胎生化石记录来自3.8亿年前的盾皮鱼。

海面，就很难存活。

1975年8月，一名叫阿里·萨里赫（Ali Soilih）的年轻革命者推翻了艾哈迈德·阿卜杜拉建立的第一个科摩罗政府，这个国家开始像坐过山车一样，经历一连串的政变和反政变运动。刚开始，萨里赫充满改革的热情，但经历了一系列挫折和来自保守派长者的坚决反对后，他变得疯狂起来。他解雇了公务员，把国家的管理权交给了持枪的青少年。

两年后，英国广播公司的摄影师彼得·斯库恩斯（Peter Scoones）被派往科摩罗，尝试为大卫·爱登堡（David Atten-borough）的《生命的进化》（*Life on Earth*）系列纪录片拍摄活的空棘鱼镜头。几周以来，他一直使用遥控潜水器在水下1000英尺（304.8米）深的地方拍摄。但结果令人失望，他与空棘鱼和相关事物的最亲密接触仅限于总统府里的空棘鱼填充模型。他回忆道："一天晚上，在我们用科摩罗唯一的海军军舰潜水回来时，我注视着小岛，它通体通红，仿佛落日余晖照耀在上面。但光线的方向似乎不对。我突然意识到，我们看到的是熔岩河——火山爆发了！"卡尔塔拉以其巨大的火山口，俯视着大科摩罗岛。这座活火山平均每12到15年会喷发一次，摧毁当地的村庄，冷却后的黑色火山岩最终会沉积到海里。

"我没有拍摄到任何空棘鱼的镜头，但是我想，把火山喷发拍下来或许也是不错的收获，"斯库恩斯继续说，"我花了一整夜时间穿越雨林，躲避着在空中不断飞来飞去的红热物质。黎明时分，我回到酒店（位于莫罗尼的空棘鱼酒店），刚进房间就听到了敲门声。"

原来，一条空棘鱼刚刚在附近的村庄被捕获，而且它还活着。

"我立即冲到村子，鱼被拴在几只独木舟的阴凉下。我把它带回水里，试着让水从它的鳃里流过，让它苏醒。它显然已经筋疲力尽，而且一个鳍几乎被切断了。它一直想咬我的手，这其实也不错，因为这样我就可以引导它调整到合适的角度来拍摄。唯一的问题是它好像想头朝下，尾巴朝上，倒立着游泳。无论如何，我还是拍到了一些很好的照片。"

斯库恩斯的探险还没有结束。几天后，他来到莫罗尼，注意到年轻的民兵在街上巡逻。当他路过一栋两层的政府大楼时，看见有人把纸丢到窗外的小火堆里。他说："我当时不知道发生了什么。我问过一个人，他说是政变，但看起来又不太像。就像岛上的其他地方一样，这里也很混乱。"斯库恩斯不知道的是，他亲眼看见了萨里赫在总统任期最后阶段的行动——烧毁政府档案。在法国人撤离的 5 年后，所有关于空棘鱼捕获量的文件，连同条约、法律文件和各种记录一起，都被销毁了。有关空棘鱼的记录，在萨里赫任期内变成了一片空白。

1978 年，臭名昭著的雇佣兵头目鲍勃·德纳尔（Bob Denard）所领导的军队推翻了萨里赫的政权。德纳尔是科摩罗第一任总统艾哈迈德·阿卜杜拉雇用的。接下来的 11 年，德纳尔和他的手下一直驻扎在岛上，监管岛上的安全。随着时间推移，岛上的大多数人对他们又恨又怕。空棘鱼专家罗宾·斯托布斯讲述他去科摩罗的史密斯研究所的考察经历时说道："当时我们坐在一架乘客很少的飞机上，一名满头银发的男子从头等舱走过来，问我们是谁，他介绍自己是巴科上校（Colonel Bako，德纳尔在科摩罗的化名）。后来我们才知道他的真实身份。"

史密斯研究所的团队由雇佣兵领导的总统护卫队保护。"刚开始我搞不懂当地人为什么这么不合作，"斯托布斯继续说，"直到雇佣兵不在，我们和他们私下相处时，他们才变得亲切起来。"

不屈不挠的空棘鱼狂热爱好者杰尔姆·哈姆林（Jerome Hamlin）所带领的探险者俱乐部（Explorers Club）也同样面临着危险和混乱的状况。哈姆林毕业于耶鲁大学，是第一个家用机器人的发明者。1984 年，他以摄影师身份加入纽约水族馆（New York Aquarium）猎捕白鲸之旅，后又对空棘鱼产生了浓厚兴趣。"这个（捕鲸）过程非常有趣，在结束时，我向很多水族馆的专家和观察员问了一个问题：最具挑战性和最有科学价值的采集项目是什么？他们都回答说是'空棘鱼'。"

这对哈姆林而言是一个巨大的诱惑。1986 年，他第一次来到科摩罗，为纽约水族馆考察捕捉活的空棘鱼的可能性。两天后，他正在空棘鱼旅馆喝茶，一个服务员跑来告诉他抓到了一条空棘鱼。他回忆说："我们在一片模糊中沿着海岸前行，我的心怦怦直跳。"这条鱼虽然死了，但很新鲜，眼睛还在发光。我从未见过这么美丽的生物。我们从渔夫那里买下了它，并说服旅馆的厨师把它放在冰箱。在那之后，我点菜都会小心避开'当日鲜鱼'！"

几天后，他被一阵急促的敲门声和一句令人兴奋的低语吵醒："活的空棘鱼！"哈姆林被带到岸边，一个渔民正在那儿等他，一条活的空棘鱼就拴在他的船边。哈姆林爬上独木舟，尽量不让鱼撞到船。他把一个叠好的垃圾袋放在鱼眼睛上方，遮挡刚升起的太阳。哈姆林回忆说："我一看到它，就把所有拍摄的念头都抛诸脑后：我只想要它活下去。"他叫来法籍潜水者热罗，让他游到鱼身边，用一根绳子穿过鱼的下颌，把它固定到海底。遗憾的是，这条空棘鱼最终没能经过这次劫难，它当天晚上就死了。鱼被送到美国大使馆的冷藏库，和一个死于疟疾的美国小孩躺在一起。随后它被装在特意从法国空运过来的、铺满干冰的棺材里，搭乘下一个航班运到美国。

两次与成功捕获活空棘鱼擦肩而过的经历让哈姆林深深地为这种生物着迷。次年，他带着成箱的设备回到科摩罗，包括一个巨大的搬运箱、冰箱、氧气罐、便携式发电机和一些浮袋。那时他仍然认为拥有一条活着的空棘鱼非常重要，因为这样才能知道空棘鱼的生活方式，了解该如何保护它们。他和纽约水族馆的一个团队不分昼夜地搜寻空棘鱼，却收效甚微。"我不会放弃，"哈姆林说，"我要一直待在这儿，直到捕到空棘鱼为止。我建立了一支持续运作的空棘鱼监测队伍。1987年的一个下午，我注意到一个身材高大的科摩罗人在酒店游泳池附近游荡，他的体型就像一只银背大猩猩。我们聊了会儿，知道他每周会在旅馆当几天保安，人们叫他孟巴沙（Mombassa）。几年前，他曾在小镇当拳击手，还出演过约翰·韦恩（John Wayne）主演的两部电影，是电影《哈泰利》（*Hatari*）[1]里游猎男孩的头儿。"孟巴沙在当地小有名气，一年前他

1　约翰·韦恩主演的1962年美国冒险喜剧片，描绘了在非洲的猎兽探险故事。

和一支猎捕空棘鱼的日本探险队一起工作过。哈姆林聘请他帮自己解决在当地的各种麻烦，接下来的 10 年，孟巴沙一直是哈姆林探险行动的合作伙伴。

1988 年，哈姆林重返科摩罗，想要继续尝试。这一次，他将在没有纽约水族馆参与的情况下工作。之前的一系列误解导致了空棘鱼研究领域产生了巨大分歧，也促使水族馆退出了这个项目，这让哈姆林或多或少能按自己的（通常是不同寻常的）方法做事。[1]他一心想要拯救空棘鱼，因此他把行动目标从捕获改为保护。他解释道："我们的想法是将捕到的鱼放进钢制的笼子里，沉到捕它们时的深度，让它们醒过来。"有 5 只空棘鱼被送回 90~150 英尺（27.4~45.7 米）的水下。有一条鱼活了 5 天，这 5 天里，潜水员给它投喂鸡肉，但之后它仍然死了，也许是遭到了鳗鱼袭击。另一条咬了热拉尔的手；第三条失踪了，因为孟巴沙在海滩上睡着了，没及时注意到标示它的浮标已经消失。[2]

1989 年，一条被捕获的空棘鱼被装进笼子重新放回水里，第二天哈姆林一抵达科摩罗就直接从机场赶去村子。但鱼已经死了，嘴上有一大片黄色的瘀伤，很可能是它用头撞笼子的结果。笼子明显使空棘鱼感到压力，这让哈姆林放弃了用笼子的想法，转而

---

1 哈姆林的一个同事在一本钓鱼杂志上登了一则广告，为科摩罗空棘鱼监测项目征集志愿者。很多研究空棘鱼的科学家认为，这是纽约水族馆处心积虑想要捕获空棘鱼。经过《纽约时报》上一番激愤的信件交锋后，纽约水族馆决定退出。哈姆林后来还是与这些科学家和好了。——原书注

2 据传这条鱼是被雇佣兵偷走了。——原书注

进入"被动模式"。他在伊桑德拉海滩（Itsandra Beach）对面的一个帐篷里安装了容量为 700 加仑的水箱，由孟巴沙负责照看。最先被捕到的两条空棘鱼第一时间送到水箱，但它们在运到水箱前就死了。1995 年捕到的一条空棘鱼在这个设施里活了 10 小时，之前它还在海面上待了 15 个小时。之后他们再没有进行尝试。1997 年，孟巴沙在一场交通事故中丧生，哈姆林也暂时停止了他的疯狂行动。

而外国探险队的捕猎行动仍在继续，他们的目标很明确，就是要捕获一条活的空棘鱼。美国一家水族馆出价 4 万美元购买一条活的空棘鱼；1989 年，日本鸟羽水族馆（Toba Aquatium）发起了迄今为止最雄心勃勃也是最昂贵的尝试，打算捕获两条活的空棘鱼。这个耗费数百万美元的项目由三菱公司赞助，使用一艘配备了遥控潜水器和特制的诱捕装置的研究船，雇用了来自日本和菲律宾的渔民，然而依旧一无所获。

就在那时，一个令人担忧的谣言散布开了。唯利是图的中国药材商人神化了空棘鱼，他们宣称，一滴空棘鱼的脊索液就能让人长生不老。于是空棘鱼在黑市上先被日本中间商买走，再转卖给华人从医者，据说，这些从医者以一滴 1000 美元的高价将其卖出。每条空棘鱼有大约 3 升这样的琥珀色、透明的脊索液，这让它成为一种异常珍贵的鱼。科学界突然意识到，空棘鱼面临灭绝的危险。虽然没人能准确计算出空棘鱼的种群数量，但它们似乎正在减少。史密斯在 1956 年《泰晤士报》上的预言成真了。科摩罗对空棘鱼"看来不可控的屠杀"有可能使这个物种彻底走向灭亡。科学家的手上也沾满了它们的鲜血。他们意识到，研究重点必须从捕捉转为保护。

科学家的保护行动得到了公众的支持，公众赞同空棘鱼能永远生存下去才是最重要的事。德国一本杂志采访读者："这个星期有什么事值得让你活下去？"一个小学生回答："因为空棘鱼仍然存在。"

第九章　拍到空棘鱼

1975 年，一位年轻的德国科学家造访了科摩罗，并企图潜水去寻找空棘鱼。在经过几次失败的尝试后，他对妻子说："我下次得带一艘潜艇来！"

他没有开玩笑。少年时代，在东德读了《老四足鱼》这本书后，汉斯·弗里克（Hans Fricke）就决定要去寻找活的空棘鱼。打小他就被各种鱼类和海洋生物吸引，并且热爱潜水。但遗憾的是，受冷战铁幕的影响，他几乎没什么机会去实现自己的潜水梦。"我想去看珊瑚礁，这胜过任何事。"他解释道，"如果我在东德，这个梦想将永远无法实现，所以我必须逃离。"于是，这个年轻的海军学员离开家人，登上了前往西柏林的火车。彼时柏林墙仍高高耸立，他知道自己如果被检查证件的巡警抓住，后果将不堪设想。于是他开始寻找藏身的地方。他躲进了妇女和儿童的专用车厢，在那里他看到了一名高级陆军军官和他的两个小女儿。"我坐到他旁边，假装在跟他聊天。当巡警到我们车厢，他们认出了这名军衔很高的军官，所以没做太多停留。他们当时一定把我当成这名军官的儿子了。"

弗里克成功抵达了西边。但他的东德大学学历在西德不被承认，所以他只能重读。晚上，他在城里的夜总会、酒吧和妓院卖报纸挣钱。他笑着回忆道："那些女人都很迷人。她们对我很好，因为我跟她们一样，也是街头职业者。有一次，差不多是凌晨5点，我很累了，但还有50份报纸要卖。于是我又去了一家脱衣舞俱乐部，一名舞娘大概很同情我，一边跳舞一边买光了我的所有报纸。"

1961年，弗里克用从夜间做兼职挣的钱去了红海。在那里，他第一次看见了珊瑚礁。他被迷得神魂颠倒。第二年，他又骑着自行车穿越欧洲，在希腊乘渡轮到埃及的亚历山大港，然后再骑自行车踏上去红海的旅程。他骑了1万英里（16093.4千米），中途还得了胃病，体重掉了44磅（近20千克），但这些艰辛丝毫没有减弱他内心的向往。从那时起，他每年都会回到红海，研究和拍摄这些异域的海洋生物。

然而，他从未忘记想要看到活的空棘鱼的愿望。1968年，他开始与马克斯·普朗克动物行为研究所（Max Planck Institute for Animal Behaviour，以下简称马普研究所）的著名科学家康拉德·洛伦茨（Conrad Lorenz）一起工作。研究所位于德国巴伐利亚的小村庄塞维森（Seewiesen）。一年后，他前往马达加斯加的诺西贝岛（Nosy Be）考察。"在那里，我遇到了法国科学家拉斐尔·普兰特（Raphael Plante），我们沿着马达加斯加大陆边缘潜水寻找空棘鱼。显然，我们没有那么好的运气。"返回欧洲的途中，他们在科摩罗停留，住在空棘鱼旅馆。他们在莫罗尼再次潜水，寻找行踪难觅的空棘鱼，仍然没有成功。而当弗里克与妻子西蒙娜（Simone）重回科摩罗，并决心要带一艘潜艇回来，则是 6 年后的事了。

海洋生物学家与深海航行器间的不解之缘可以再往前追溯到 45 年前，纽约动物学会（New York Zoological Society）的威廉·毕比（William Beebe）是第一个以此设想探索深海的人。毕比花了好几年时间，在百慕大（Bermuda）附近的一小片海域，用捕网捞到 220 种海洋生物，总量多达 11.5 万只。他明白自己所收集的海洋鱼类不过是沧海一粟，然而受技术的局限，他没法做得更好。因此，他决定发明一种机器，一种能带他走进海洋生物世界的机器，帮他收集关于这些生物在哪里生活、又是如何生活的第一手资料。

20 世纪 30 年代初，毕比设计了第一个球形深海探测潜水器（bathysphere，希腊文中，bathys 代表"深"的意思）。实际上它就是一个特制的钢球，球壁由 1.5 英寸（3.8 厘米）的钢材做成，以承受深水的巨大压力。窗用宽 6 英寸（15.2 厘米）、厚 3 英寸（7.6 厘米）的实心石英做成。潜水器内部可以容纳两个蜷身的人。加上机器外面蜘蛛般的脚和安装在上面的缆绳，潜水器足有一个成年人那样高，外面有可以控制开关的探照灯，它的上面有个小的入口，靠一扇重达 400 磅（181.4 千克）的门密封。氧气存储在几个压力罐中，人呼出的二氧化碳借化学药剂来中和，药剂放在舱内一个无盖浅口托盘里，毕比定期用棕榈叶在上方扇动来加快反应速度。

这个钢球连着电缆，逐渐沉入波涛汹涌的大海，毕比和同事坐在里面，看外面的世界变成越来越深的蓝色暗影。从 1930 年 6 月的第一次潜水起，毕比就沉迷于这个不为人知的世界。"在陆地上，在深夜的月光下，我总能想象出阳光的亮黄、花朵的艳红，"他在记述多彩多姿海底探险生活的《向下半英里》(*Half Mile Down*)一书中写道，"但在这里，当探照灯熄灭，黄色、橙色和红色都难以想象。一切都被蓝色占据，你想不起来还有别的颜色。"

他在水下看到了各种各样奇异而美妙的生物，其中有很多在过去都鲜为人知，甚至人们难以想象还有这样的生物存在。一些长得奇形怪状的鱼和水母，闪烁着忽明忽暗的光。在一次旅程中，他看到一条硕大的鱼，它有着巨大的眼睛和裂开的下颌，嘴里的牙齿露在外面，还有像是由发光黏液散发出来的光芒。它身上淡蓝色的斑点发着光，两条触须从头部垂下，一条触须的末端闪着微红的光，另一条则被蓝色的微光包裹着。

在 1934 年，他详细记录了水下半英里深的海洋世界，这个深度比以往人类的水下探险纪录要高出数倍，无论是穿戴专业潜水装备还是用潜水艇。在那里，他看到了一个身体宽大、长度超过 20 英尺（6.1 米）的生物，它看上去没有颜色，它的质感难以描述，甚至没有清晰的轮廓，只是在黑暗中默默地移动。毕比从来没有见过这种奇怪的、像蛇一样的生物，直到今天，都没有人知道当时他到底看到了什么。最后他得出结论：人类对深海的了解相当有限。

之后的海洋生物学家在毕比的基础上，开始建造更多的球形深海探测器（现在通称为潜水器），以探索更深的海洋。在海洋深处，他们发现了大量超乎想象的新物种。儒勒·凡尔纳（Jules Verne）的科幻小说《海底两万里》（*Twenty Thousand Leagues Under the Sea*）的创作灵感就来自早期的深海潜水探测行动，让大众被这种热情所感染。对此还有一个人功不可没——雅克·库斯托，此前提到的那位以拍摄海底生物而闻名的法国探险家。

弗里克在 1975 年从科摩罗回来后不久就开始研究租用潜水器的可能性。不过直到 3 年后，他才开始认真地对待这项行动。在日内瓦的一次会议上，他遇到了曾经打破纪录坐潜水器潜到 11 公里深处的雅克·皮卡德（Jacques Piccard）。皮卡德提出带弗里克在日内瓦湖潜水，当他们浮出水面时，弗里克对他说："这就是我未来要做的事。"

最初，弗里克希望能带皮卡德和他的潜水器去红海，但实在太贵了。"所以我评估了自行购买潜水器的可能性，但这仍然太贵，"他说，"不久后，我意识到这些机器的设计大多过于复杂，需要专门的技术人员来负责维修每个部件。我想要一台我自己就能维修的简单的机器。于是我又开始接触建造潜水器的人。"

他所遇到的奇怪而有趣的人中，有一位住在瑞士的捷克斯洛伐克工程师：雅罗斯拉夫·卡侯（Jaroslav Kahout）。弗里克去了他在苏黎世附近的工作室，卡侯的加工技术以及"对东欧人来说稀松平常的"拼凑与即兴创作能力给他留下了深刻印象。两个穿越铁幕的流亡者走到一起，计划用13万马克（35 000英镑）的超低预算，建造一艘两人潜水器；德国杂志《大地》（Geo）承诺会赞助他们。"这是一款非常基础的潜水器。"弗里克解释说，"卡侯把我的想象变成现实。我们先做了一个潜水器的内部模型，测试心理对空间的忍耐极限，换句话说，就是评估我们可以待在多小的空间里而不发疯。"

他们造出一艘黄色潜水器，并为它取名"大地号"。（甲壳虫乐队有首歌叫《黄色潜水艇》，这艘潜水器的外观也的确有点像甲壳虫。）潜水器的顶部两侧有圆柱形的压载水舱——看起来像是收拢的翅膀——舱内上部空间充满高压空气；舱体上面有两扇厚实的、凸出的虫眼样式的舷窗，分别位于前面和上面，就像一副变形的高度近视眼镜。外面有一个探照灯、一个摄像机底座和一个内部可以操作的长爪状机械手臂，用来在海底放置和拾取东西。舱内只能容纳两个人；驾驶员坐在观察员身后，观察员的眼睛与舷窗齐平。根据设计，它可以下降到水下200米深处。弗里克很喜欢他的新宝贝。这个潜水器刚开始几年的大多数时间都在欧洲和红海。"我从未遗忘空棘鱼，"弗里克说，"但要完成那个项目，我们还需要一艘母船，而找到母船并不容易。"

20世纪80年代初，弗里克在一次红海探险中建造了一栋水下房屋。他在这栋位于水下11米的房子里连续生活了18天。房屋有26吨重，有干、湿两个房间，干房间的空气是从岸上抽进去的。除了观察从未见过的鱼类行为，为《大地》杂志拍摄精彩的照片外，他还做了一些实验：将自由漂浮的物体放入水中，观察鱼群如何开始在周围聚集。"这是第一个集鱼装置（Fish Attracting Device，FAD），后来有人把它转化为商业产品，在20世纪80年代后期，这个产品在科摩罗得到了极大的应用。"弗里克说。

弗里克与他的朋友格尔德·黑尔默斯（Gerd Helmers）一起建造了这栋水下房子，黑尔默斯完成了大部分钢铁结构的搭建。弗里克告诉他，他想把"大地号"带到科摩罗去探寻空棘鱼，同时也提到，他在寻找合适的母船时遇到的困难。黑尔默斯显然是相当棒的朋友，他提出为弗里克造一艘母船。制造这艘两桅的"梅托卡号"（Metoka）母船花了比搭建"大地号"更长的时间，最终在1985年完成。弗里克在马普研究所的同事于尔根·绍尔（Jürgen Schauer）搭乘这艘母船从伦敦出发，驶向近以色列红海附近的埃拉特（Eilat），在那里和弗里克的"大地号"会合，进行测试。接着，绍尔航行3个月，把船开到科摩罗，终于，他在1986年的圣诞节前夕与弗里克和拉斐尔·普兰特会合，展开了第一次用潜水器在水下搜寻空棘鱼的行动。

"我十分紧张，"弗里克承认，"尽管我说服了德国研究基金会（German Research Council）和《大地》杂志为这次探险提供相当大力度的支持，但我无法保证这次行动一定成功。这趟探险要深入蓝的海洋之中。当然，事先我已经非常详细地研究了这件事的可行性，所以我有很大的把握。但风险肯定存在：如果我在这个耗资巨大的研究计划中失手，那么我这辈子都不会有第二次这样的机会。"

在"梅托卡号"到达大科摩罗岛的第二天，天气变得糟糕，这不是一个好兆头。接下来的几周，探险队不得不与热带风暴做斗争。他们被迫浪费几天时间待在令人绝望的科摩罗首都莫罗尼，坐在小咖啡馆中，看着卡其色的怒涛来回拍打着海岸。在他们周围，人们的生活仍然井然有序。科摩罗妇女身穿花色鲜艳的衣服坐在老旧的市场里，拿根本没用的塑料袋来当雨具，面前是一小堆一小堆的水果和蔬菜。孩子们在狭窄的小巷里蹦来跳去，身穿白色长袍的老人在公共广场的阔叶杧果树下，兴致高昂地玩着骨牌。雨终于变小，弗里克可以在莫罗尼港启动他的潜水行动了。莫罗尼港坐落在 12 世纪建成的造型雅致的星期五清真寺前面。潜水时，整座城市的人都跑来围观。"我们下潜到 200 米，这是'大地号'的极限；我们在这里所体验的，跟接下来三周里我们经历的大同小异：一片荒凉，除了沙质的海底、冲蚀形成的火山岩洞穴，以及少量的海洋生物。那个深度并不黑，只是在没有阳光的时候有点阴沉。"

他们在这座全长 57 千米的岛屿周围潜水，花了大量时间在海底探索，然而一无所获。有时，他们会看到冒出头的珊瑚，它们精巧的、表面网格状的触手随着五彩斑斓的鱼类和甲壳动物一起漂动。但是大多数时候，他们潜到的地方都是幽暗而寂静的海底峡谷，鲜有生物居住。弗里克回忆说："一直以来，我们都预感会看到'老四足鱼'坐在海底。那时，所有人都认为它们把鳍当作脚，用鳍站着休息。虽然直觉告诉我，它们不会在海底行走，但我想，这么多著名的教授不可能都错了吧。不过它们的鱼鳍确实跟那些底栖鱼类不一样。我不是鱼类专家，但是我这辈子见过许多鱼，我觉得它应该和其他鱼没什么区别。"

弗里克（右）和绍尔在"大地号"潜水器里

（卡桑摄）

　　一天，他们在古老的艾科尼村外海潜水，驾驶潜水器的绍尔提议钻进一个洞里去看看，弗里克表示反对："这么大的鱼不会生活在洞穴里。"因此他们没有进去。每到一个沿海村庄，他们都会与当地渔民交谈。他们发现渔民对水深的估算非常准确，这让他们印象深刻。他们还了解到，几乎所有已知的空棘鱼都是在大科摩罗岛的西侧海岸捕捞到的，并且全都是在夜里。在调查了岛屿两侧的海床地形后，弗里克提出了一个合理的假设，即空棘鱼偏爱西侧海岸，因为西海岸在相对较晚的火山喷发后形成，在结构上更为复杂。于是他决定将主要精力放在岛屿的西侧。

"随着时间流逝，我们对看到活的空棘鱼越来越不抱希望。我们密集潜水，甚至冒着毁掉一切的风险穿越飓风。我们不断地跟海洋搏斗。"但留给弗里克的时间已经不多了，在40次一无所获的探索后，他被迫要返回欧洲。绍尔准备在这里再多留5天。他们决定只在夜间潜水，因为那是空棘鱼最常被捕到的时间段。弗里克离开的那个晚上，当他在机场等晚点的航班时，绍尔带着他年轻的学生奥拉夫（Olaf）去辛格纳村（Singani）附近的海岸潜水，这个地方也是卡尔塔拉火山最近一次喷发（1977年）的地方。

"我对那片海域有种强烈的感觉。它看起来很神秘，就像空棘鱼一样。我们晚上8点半潜下去，到晚上9点，在探照灯的边缘，我们看到了第一条空棘鱼。我屏住呼吸，那是非常激动人心的时刻，是我一生中最特别的时刻。"他沉醉于拉蒂迈鱼那双又大又闪的眼睛，宽厚的嘴巴，以及像古董纸扇一样张开的精巧背鳍。"现在，最重要的是，它看到这艘大大的黄色潜水器会有什么反应，"他继续说道，"于是我们缓缓向它靠近，它就在我们的窗外，忽然，它头部向下倒立，保持悬浮的姿态，鼻子朝下，在水中缓慢而优雅地舞动鱼鳍，就像慢动作一样。那场景是如此美丽，仿佛在欣赏芭蕾舞者的表演。"

不幸的是，当他企图打开摄像机时，摄像机爆炸了，冒出一大股烟，所以他只拍下了照片。大约 20 分钟后，由于水流的冲击，"大地号"离这条独舞的鱼太近，把它逼到了礁石的角落。它开始移动，从潜水器旁边挤过去，迅速消失在黑暗中。当它撞到金属外壳时，碰掉了一片鳞片，绍尔设法用机械手臂将它捡了起来。在潜水器快浮出水面时，他先跳进水里，把鳞片取下塞进口袋，再爬上"梅托卡号"。"船上的气氛压抑，船长和船员们几乎不抱希望，只是敷衍了事。我和奥拉夫决定对这件事暂时保密，所以我们一如既往地做事，装作什么都没有发生。大约过了半个小时，我抓住船长，兴奋地告诉他：'我们成功了！'他不相信，而且我们也没有录像作证，于是我拿出鳞片给他看。直到现在我的宝箱里还收藏着这片鳞片。"

第二天，绍尔设法联系了回到德国的弗里克。毫无疑问，他听到这个消息非常高兴："是的，我松了一口气。行动成功了，现在我们可以拿到更多经费来准备下一次探险了。我虽然没有亲眼看到，但没关系，我很高兴终于有人看到了活生生的空棘鱼。"接下来的几天晚上，绍尔又发现了两条空棘鱼，他用借来的摄像机把它们拍摄下来。"当我看到绍尔的影片时，"弗里克说，"我心里的一块大石头落地了。太棒了，真是太奇妙了。"

"如果要实话实说，我必须承认，寻找空棘鱼是一次重要的冒险和挑战。我知道它们一定在那里的某个地方，寻找它们是件非常有趣和刺激的事。我能够找到它们，完成科学家们半个世纪以来的夙愿，真的非常激动。"

探险队在1987年4月又回到这里，并再次遭遇恶劣的天气。他们只在夜里潜水，对他们来说，这是最糟糕的时间：巨大的海浪猛烈撞击着船舷，"大地号"进出水都变得困难重重和危机四伏。他们花了几周时间，在暗黑的海水里，在陡峭而贫瘠的熔岩形成的悬崖间缓缓移动。在那里，弗里克第一次看到了空棘鱼，那是一条近乎完美的小鱼，他给它起名为尼科（Nico），亲切地称它为自己的"儿子"。接下来的几周，他们观察并跟踪了另外三条鱼，其中一条被跟踪了6小时。弗里克对研究空棘鱼的运动方式很感兴趣，乍一看，它好像是在不协调地舞动鱼鳍。但仔细观察后，你会发现这种鱼是左前鳍和右后鳍呈对角线来运动的，这种"步态"非常类似于小跑时的马或蜥蜴。他们推翻了那个旧观点，即空棘鱼用肉质的鳍作脚，在海底漫步。"虽然我们观察到有几条鱼会用鳍在海底支撑着休息，"在1987年的旅途归来后，他在《美国国家地理》杂志上这样写道，"但我们从没见过哪条空棘鱼会走路，而且这种鱼看起来没办法这么做。"看来，"老四足鱼"这个名字取得不太合适。

　　当他们拍到足够多的镜头后，就制作了一部神奇的电影，人们终于能亲眼见到空棘鱼在它的自然栖息地里，是以一种何等优雅的姿态在游动。就它庞大、笨重（至少表面看起来是这样）的身体而言，这样的游泳姿态实在令人意外。它的外形和动作与其他鱼类不同，它们像日本扇子舞舞者一样划动着张开的鳍；像体操运动员一样，它们把头部倒立朝下。弗里克说："我总是说，它是不属于海洋世界的生物，它是非常特别的鱼。"

"尼科",第一条被拍到的活着的空棘鱼

（于尔根·绍尔摄）

　　然而，拍摄的电影和观察记录更增加了空棘鱼的神秘感，在回答了一个问题的同时，产生了更多的问题。它白天的时候在哪里生活？它为什么要倒立？它吃什么？它是怎样繁殖的？科摩罗到底有多少空棘鱼？它们能住在别的地方吗？弗里克知道，要回答这些问题，他还要回去。据他猜测，这些鱼白天在更深的水下，如果是这样，他就无法坐在"大地号"里看到它们了。他决心建造另一艘能下潜更深的潜水器。一回到德国，他就开始起草设计，足足过了两年时间，他才重返科摩罗继续他的探索。

　　1988年，弗里克接受了玛格丽特的邀请，在格雷厄姆斯敦做了有关空棘鱼的讲座。自从弗里克构思了潜水搜寻空棘鱼的探险计划后，他一直与玛格丽特以及她在格雷厄姆斯敦鱼类学研究所的团队保持紧密联系，这个研究所在当时仍然是研究空棘鱼的中心。读过《老四足鱼》的弗里克，一直期待与史密斯博士的遗孀见面。在丈夫过世 20 年后，玛格丽特自己也是知名人士了。

"我常常在想自己到底幸不幸福，"她曾经写道，"我知道，能与一位南非的伟人共同生活和工作是无比荣耀的事，这令我在我们婚姻的 $29\frac{3}{4}$ 年中，每一天都过得无怨无悔。我知道，我们年龄相差很大（19 岁），我可能会变成寡妇，特别是在我和他结婚时，别人总是说，他的寿命还剩不到 5 年的时间。而我们却得到了近 30 年的时间，很少有夫妻能过上比我们更有趣、更有成就的生活。"

她无缝地继承了已故丈夫的衣钵和责任。在史密斯过世后，认识她的人都说她"绽放了自我"。她剪掉沉重的发髻，从他们那间狭小的房子搬进了一座建于殖民时期的漂亮庄园，和她的姐姐弗洛拉·肖尔托·道格拉斯（Flora Sholto Douglas）一起住（史密斯对弗洛拉很是反感）。玛格丽特的第一个目标是建立史密斯研究所。正如她在史密斯死后不久，写给与史密斯交恶的妹妹格拉迪丝的信中所说："伦活着的时候不肯花时间为研究所建一栋新楼。他只愿意把时间花在研究上……现在他并未离开，我正按照我们的计划，把他的工作继续开展下去。22 年来，我不分昼夜地陪伴在他身边工作，所以我希望在我死之前能够完成这项由我们开启的事业。"

她参观了世界各地类似的研究所，然后返回格雷厄姆斯敦，与建筑师密切合作，确保这座以她丈夫命名的研究所能够建得尽善尽美。她成为研究所的首任所长，她的精力和毅力，加上史密斯的名字和空棘鱼的名声，让她筹到了足够的资金。在接下来几年里，研究所蓬勃发展，她用筹来的资金大力推动研究所成为南非的国家级博物馆。身为研究所的带头人，她靠自己的力量成为一个卓越的人物：一位举世闻名的鱼类学家，一个才华横溢的鱼类绘图师（她画了 2000 幅准确而细致的鱼类素描和彩绘），以及一名蜚声国际的科学大使。

玛格丽特在工作中和私下里都是一个非常真实的人。她还重拾了唱歌和音乐的爱好，她和弗洛拉举办歇斯底里的派对，派对里开的玩笑有时低级得令人脸红。在她之后，迈克·布鲁顿（Mike Bruton）继任史密斯研究所所长，他说："玛格丽特简直就像故意想要毁掉学术形象一样。"

在工作中，玛格丽特的"孩子们"都非常崇拜她，她的办公室里常年挤满了人，甚至还有驴子的鞍具以及好几箱红十字会的邮票，这些都是工作至上的史密斯绝对无法容忍的。她如鱼得水地埋首于委员会工作中，经常有人看见她奔波于各个会议，其间不忘带上棒针和毛线。"她非常乐意快速结束一次重要的会议，然后跑去抱抱来博物馆参观的游客的孩子，"布鲁顿回忆道，"但对那些批评她管理风格的政府官员或学者来说，她是一个可怕的敌人。对她来说，快乐与和谐是最重要的。"每当她讲述早年旅行中发生的趣事时，茶会就会变成一个喧闹而欢乐的场合。

玛格丽特的秘书琼·波特回忆说："待在她身边，生活总是充满刺激。她对每件事都充满热情，这样的热情也感染了周围的人。生活中的小事对她来说也非常重要。假如她听说郊外某个地方有一场牧羊犬表演，她就会带着一群工作人员跑去围观。她捐了很多钱给慈善机构，但从不大肆宣传。当乞丐们从街上走来，她会中断会议，借钱给他们，然后记在一个小黑皮本上。不过，如果他们没有还钱给她，她也从不去讨要。她愿意给人们创造机会，特别是那些处于弱势的人。"

她的慷慨也得到了回报。有一次她那辆著名的灰色福特车被偷到了附近镇上，当盗贼知道这是她的车时，立即把车还回来了。还有一次她在萨默塞特街的研究所外面被开了一张超速罚单，可当警察一看到司机的名字，就立刻撕掉了罚单。据她儿子威廉说："妈妈是个圣人，如果她从一楼走进一个全是陌生人的电梯，到了三楼，她就会知道他们所有人的名字和家族史，跟他们成为朋友。我认识的有这样能力的人只有她一个。她过去似乎是爸爸的陪衬，为此她付出了很多。在她的青春期和学生时代，她的事业心也非常强，但在爸爸活着的时候，她甘于屈居第二位，扮演一个次要角色。如果你要换尿布，你就不能成为一个伟大的科学家；不过她既擅长换尿布，又非常伟大，她通过群众的拥戴得到了她的地位。"

玛格丽特与史密斯一样，用无限的精力去拥抱生活。但与史密斯不同的是，她从不抱怨。只要她的状况允许，她就坚持采集鱼类。据陪她最后一次去莫桑比克的罗宾·斯托布斯说："她勇往直前，顶着热带的烈日采集鱼类，并对它们进行分类、贴标签，在硬板上钉起来；有的需要拍照，有的要画下来；同时还要准备第二天的工作。她常常过了午夜才上床睡觉。这是她的日常状态，这样的工作强度可能会吓退年龄比她小一半的人，但她有着不屈不挠的劲头。"60 岁时，她还在夏威夷学会了用水肺潜水。

玛格丽特在 1980 年成为一名正式的教授。两年后，她辞去了史密斯研究所所长的职位，专心投身于最后一个伟大的项目：《史密斯的海洋鱼类》（*Smith's Sea Fishes*）。这是一本她与菲尔·海姆斯特拉（Phil Heemstra）合编的专著，收录了来自全球 15 个国家、72 位科学家的研究成果，历时 14 年完成。这本书是此前《非洲南部的海洋鱼类》的延展扩充版，是一部不朽又权威的经典之作。

在项目开始时，玛格丽特的身体开始出现状况。因为严重的关节炎，她做了一次膝关节置换手术。1985 年，她又确诊了肺炎、败血症和细菌性脑膜炎。有一次她足足昏迷了几个小时，大家都以为她活不了了。然而，正如海姆斯特拉回忆的那样，"但完成这本书的不屈不挠的意志和决心让她挺了过来。她不肯就这样死去。她甚至在坐上轮椅之后，仍然非常活跃，自己开着车到处乱跑，即使必须痛苦地把自己从轮椅上抬起来也无所谓"。

玛格丽特·史密斯正在为《非洲南部海洋鱼类》绘制插图

（史密斯研究所供图）

这部巨著出版后不久，玛格丽特又患上了白血病。当弗里克到格雷厄姆斯敦做有关空棘鱼的演讲时，她正在住院，承受着莫大的痛苦。弗里克的演讲非常成功：他展示了他的空棘鱼影片，一些观众看电影时竟然泪流满面，这令他感到惊讶又欣慰。第二天，弗里克到伊丽莎白港省立医院看望玛格丽特，并向她展示了正在游泳的空棘鱼。弗里克回忆道："我只见过她一次，但她给我留下了非常深刻的印象。她非常了不起。以她的个性和学识，与一个以自我为中心的丈夫生活在一起一定非常可怕。"

他把第一次拍到的空棘鱼游泳的影片投影到她病床对面的墙上。她激动得不能自已。影片结束时，她的眼里充满泪水。弗里克回忆道："她说，她终于看到了鲜活的空棘鱼。她已经完成了全部使命，现在她死而无憾了。"弗里克清楚记得当时的情景："她对自己的病一直感到很沮丧，但一看到空棘鱼，她异常活跃起来，又恢复了活力，并且充满激情。她说她会把这段记忆带给史密斯。"

随后弗里克回到欧洲，继续绘制他的潜水器设计图纸，六周后，玛格丽特去世了。

第十章 "杰戈号"

新潜水器是在马普研究所停车场旁一个小木棚里完成的。弗里克认为，他和绍尔从"大地号"汲取了很多经验，完全可以自己造出更好的潜水器。但要下潜到更深的地方，新机器必须更精密、更牢固和更安全，当然，也更昂贵。如果自己动手，他们就能省下一大笔钱。

和"大地号"一样，他们先做了一个模型，再挨个去做其他主要部件。弗里克说："如果你所在的团队很小，凡事都自己动手，那么你很快就可以成为专家。这也是我们的经验之谈。"一天，他在家门口附近的路上偶遇了一名潜水器制造者，对方愿意在具体技术细节上提供帮助。很快，改进后的新黄色潜水器就准备就绪。

新潜水器的名字"杰戈号"（*Jago*）来自一种与空棘鱼有着同样颜色眼睛的深海鲨鱼。这种鲨鱼生活在水下 400 米，这也是"杰戈号"能承受的最大深度。"杰戈号"比"大地号"略大，宽一米半，长两米半，窗户也更大。跟"大地号"一样，它可以随心所欲地游动，并且配备了功能强大的探照灯、高效的机械臂，以及可以与上面联系的无线电通信系统。弗里克带着他的新潜水器在日内瓦湖进行了试潜，一同前往的还有雅克·皮卡德和他的潜水器"弗雷尔号"（*Forel*），"杰戈号"以优异的成绩通过了测试。弗里克欣喜地带着队员们去了红海，然后从那里出发，再度探访科摩罗。1989 年末，他们抵达科摩罗。这一次他们的目标很明确，在白天找到空棘鱼，并把它拍下来。

这个目标没有立即实现。1988 年加入弗里克团队的卡伦·希斯曼（Karen Hissmann）说："我们曾经幻想，只要潜到超过'大地号'极限的 200 米水下，就能发现空棘鱼。"从对空棘鱼血液的分析来看，这种动物的最佳生活条件是在 15 到 18 摄氏度间，而在科摩罗，这样的温度位于水下 200 米，捕获记录看起来也与此相符。"我们第一次潜到水下 400 米时，仿佛来到了一个全新的世界：巨大的白色玻璃海绵，有的像漏斗，有的枝枝丫丫；还有各种奇特、美丽、迷人的构造——但是，唯独没有空棘鱼。"

他们还注意到，在下降过程中水下景观的变化。深度超过 200 米后，海底峡谷从陡峭渐渐变得平缓，海底铺着灰白色的细沙，在那里他们还见到了新奇有趣的鱼类。但到水下 400 米，他们完全置身于一片昏暗、荒凉的景致。据计算，在这个深度，他们要承受 3600 吨的水压。"这个不可思议的数字让我们意识到，这里的生存条件过于极端，"希斯曼说，"经过漫长的搜寻，我们不得不承认，这里不是空棘鱼的地盘。"

他们决定回到两年前看见空棘鱼的地方去找。在 1989 年 11 月 5 日早上 9 点 45 分，努力终于有了回报：一条倒立的空棘鱼出现在一个洞穴的入口。这是弗里克第一次在白天看到这种美丽的鱼。

"当我们靠近时，它就立刻退回洞里，"他回忆道，"于是我们向洞里张望，结果惊喜地发现，还有另外三双大眼睛在半明半暗的光线下闪闪发亮。我们看到，这四条空棘鱼安静地聚在一起休息。它们彼此靠得很近，但又不挨着。那一刻，我们终于明白了它们是在哪里消磨白天的时光，以及我们过去从没找到过它们的原因。讽刺的是，这个洞穴的深度只有 196 米，恰好在'大地号'的潜水极限范围内。"

现在，他们知道该去哪里找空棘鱼了。很快，他们就发现了更多。空棘鱼白天藏身在洞穴里，躲避捕食者和强烈的水流。每个洞穴里的空棘鱼数量都不一样：有时它们成群结队，多达 10 条；有时又形单影只。探险队还从特征性的白色斑纹辨认出 1987 年的三位老朋友，其中一条鱼在多达六个不同的地方出现过。弗里克团队经常连续数小时待在黄色潜水器里观察这些鱼。他们很快总结出了空棘鱼的生活习性：白天找个隐蔽的地方休息，日落前离开安全的集体藏身之所，外出寻找猎物。空棘鱼看起来是单独狩猎的动物。

为了更好了解这些鱼的活动情形，他们在 11 条空棘鱼的身体侧面安装了小型的"发报器"（一种无线电传送装置），这样不管是从潜水器中还是在陆地上都可以追踪它们的活动轨迹。弗里克和他的团队成员轮流跟踪这些大型生物，它们在海中游动，就像信天翁翱翔于天空。无论是向前还是向后移动，不管是倒立还是仰泳，这些空棘鱼看起来都相当愉悦；充满脂肪的鳔使它们在任何姿态下都不受浮力影响；只要轻轻摆动鱼鳍，它们就能在水中轻而易举地悬停。

空棘鱼在水下保持倒立的动作起初令弗里克非常费解，他很少看到鱼类会有这样的"表演"。按理说，在水中保持这样的姿势就算只是短短几分钟，也要耗费极大的力气。"它们就像是在应征马戏团的工作。"潜水器一靠近，空棘鱼就会慢慢提升自己的高度，开始头朝下方，垂直倒立，尾巴中间的肉叶向两侧轻柔地摆动。弗里克越来越相信，空棘鱼的这种行为与定位猎物有关。它用头上的吻部器官来探测周围电场的改变，从而对猎物进行定位。吻部器官是空棘鱼特有的结构，是一个位于口鼻部充满果冻状凝胶的腔体，被认为是一种电感受器。弗里克决定做一些实验证明他的推测，他用发射弱电场的方式来模拟有鱼靠近的情形。果不其然，空棘鱼一接收到电流信号，就开始把头向下旋转。虽然这个实验的结果不是决定性的，但似乎很合理。最近，弗里克又发现空棘鱼尾鳍中存在发电器官，这个发现似乎使他的理论更有说服力——以头部站立的姿势，也许能让空棘鱼更容易地探测到猎物。

他们每看见一条空棘鱼，就给它身体两侧都拍下照片，并为它们起名（尼科是第一条拥有名字的空棘鱼）。他们画下每条鱼的特征，这些图像清晰地显示，每条空棘鱼身上的白色斑点都是独一无二的。他们总共记录了108条不同的空棘鱼。"每当我们回来，都很害怕找不到某个朋友。"希斯曼说，"当我们看到死鱼时，我们会默默祈祷那不是我们认识的伙伴。"

他们对沿岸地区进行了彻底的调查，尝试估算空棘鱼的种群数量，绘制出它们的栖身洞穴分布图。这显然不是一件一蹴而就

一条头朝下倒立的空棘鱼

（汉斯·弗里克摄）

的工作。空棘鱼藏身的洞穴往往有一个相对较小的入口，经过拱形"门廊"通往比较大的内部空间。研究人员只得躺在潜水器内的地板上，透过前窗的弯曲上缘，才能拍摄到它们在"家里"的样子。即使有的洞穴入口稍微大一些，也没那么容易就能发现空棘鱼：它们钢灰色鳞片上的白色斑点巧妙融入满是软体动物的火山岩洞穴背景中，伪装得近乎完美。"你很难在水下看到空棘鱼，"弗里克解释道，"如果你不熟悉空棘鱼的洞穴，你恐怕永远都见不到一条活鱼。你可能需要一个很小的潜水器钻到它们的洞里去找。"

在 1987 年的一次早期探险中，弗里克和普兰特遇到了由布鲁顿带领的史密斯研究所探险队。那是一天晚上，他们和圭尔夫大学的巴隆一起，在莫罗尼一家环境脏乱、跳蚤横行的餐馆里与布鲁顿一行偶遇。从 1952 年至当时为止，全世界被捕到的空棘鱼已经超过 140 条。他们估计，剩下的空棘鱼可能只有几百条了。当他们讨论各自的发现时，突然意识到，要拯救空棘鱼，就必须采取具有国际影响力的行动。于是他们决定成立空棘鱼保护协会（Coelacanth Conservation Council），尽己所能去收集空棘鱼的信息，并尽可能广地传播，让更多的人了解这种鱼的现状。他们希望以此激发人们对空棘鱼的兴趣，同时也获得更多的资金用于这项研究。

空棘鱼保护协会的负责人开始进行全球巡回演讲，来提高公众对空棘鱼现状的认识。"我们一直在跟毛茸茸的哺乳动物'打架'，"布鲁顿抱怨道，"给柔软的毛茸茸的动物筹款要比给潮湿的、黏糊糊的海底生物做宣传容易多了，更别提像空棘鱼这样，生活地点如此隐秘，在自然环境或水族馆里完全看不到的动物。"

他们在募资方面虽然没能取得太大成功，但1989年，在弗里克的大力游说下，《濒危物种国际贸易公约》(Convention on International Trade in Endangered Species of Wild Fauna and Flora, CITES, 又称《华盛顿公约》)把空棘鱼认定为最需要保护的物种，将其列入附录Ⅰ(与蓝鲸、雪豹和苏门答腊虎地位相同)，宣布它是极危物种，并严格禁止任何形式的空棘鱼贸易。这被认为是一个了不起的成就——前提是如果这真的可以顺利实施的话。

然而，出于个人原因，阿卜杜拉总统拒绝签署《华盛顿公约》，继续为科摩罗出口空棘鱼敞开大门。就在空棘鱼被列入《华盛顿公约》附录Ⅰ的几个月后，弗里克团队与耗资数百万美元想要捕捞活空棘鱼的日本鸟羽水族馆探险队进行了正面交锋。弗里克一直强烈反对在公众面前展示活的空棘鱼，即便捕捉空棘鱼的过程非常简单和安全也不行。在1989年探险开始之前，他曾抗议鸟羽水族馆的计划，这迫使阿卜杜拉总统颁布禁止出口活的空棘鱼的法令。但由于总统并没有正式签署《华盛顿公约》，日本人对这项法令根本不予理会，他们继续把用钢网制成的捕捞笼放入水中。

弗里克终于遏制不住怒火。当他多次在水下看见来意不善的钢笼后，决定采取行动。他准备了两张压膜卡片：一张印着空棘鱼的照片，上面写着"空棘鱼——让它们留在原地！"；第二张卡片则注明这是来自"杰戈号"的警告。一天晚上，他驾驶"杰戈号"接近钢笼，用机械臂小心地把卡片钩在钢网上。不久之后，未能成功捕获空棘鱼的鸟羽水族馆探险队被迫奉命回国——显然是日本天皇表达了他对此事的不满。

"我们需要活的空棘鱼，"离开史密斯研究所到开普敦两洋水族馆（Two Oceans Aquarium）工作的布鲁顿说，"我们对空棘鱼种群动态的了解存在一些关键的空白；对于它们何时成年和体型大小、每次产下的幼鱼数量、妊娠期、生长速度和寿命周期等重要问题一无所知，有些只能通过观察被捕到的活鱼才能知晓。"他认为，活的空棘鱼将有助于提高公众对这种美丽的珍稀动物的认识和关注，为相关研究吸引到更多资金。"一旦我们知道该如何捕捉它们，就可以增加捕获量，甚至还能进行人工繁殖。我相信如果有弗里克和他的潜水器的帮助，我们可以很容易捕到空棘鱼。而他却拒绝合作。"

弗里克坚持他的反对立场："不切实际！没人见过幼鱼。没人了解它们的性征。没人了解它们怎么繁殖，以及在什么环境下繁殖。就这样他们还妄想把一条空棘鱼放进水族馆里繁殖？荒谬！一家南非水族馆竟敢宣称，他们拥有首先展出空棘鱼的历史权利！胡说八道！没有人拥有哪种鱼的历史权利！如果一家水族馆得到了空棘鱼，然后呢？其他水族馆也都会想要一条，这会造成空棘鱼这种濒危动物的数量锐减。不行，我坚决反对！"

弗里克最担心的是空棘鱼种群规模过小。而且他认为，这个数字还在不断减少。他对空棘鱼及其栖息地了解得越多，就对它们的生存现状越感到悲观。从发现以来，这种鱼就不断遭受来自世界各地想要获得标本的科学家的骚扰。同时，科摩罗人口数量的增加让捕鱼活动也随之增加。每次来这些岛屿，弗里克和他的团队都会对空棘鱼数量进行粗略的统计。从 1989 年到 1991 年，他们在普查地区统计到的空棘鱼数量还相对稳定，大科摩罗岛周围的空棘鱼数量略少于 650 条。到 1994 年，这个数字急剧下降。弗里克认为，这与渔民迫于经济压力加大了捕鱼力度有关。

然而，有的空棘鱼研究者称弗里克对这个种群数量的预估过于悲观。罗宾·斯托布斯认为，空棘鱼数量可能是弗里克估计的好几倍。斯托布斯指出："弗里克把计算的重点放在捕到过鱼的地区，而没有真正去其他地方找过。但如果你从捕鱼方法这个角度来考虑，就会发现，在大科摩罗岛东岸、莫埃利岛、马约特和马达加斯加，渔民的捕鱼方法显然不一样，所以他们几乎抓不到空棘鱼。而且，尽管近年来独木舟的数量有所增加，但夜间的捕鱼活动却在减少，这对夜行的空棘鱼来说是个好消息。我相信还有更多的空棘鱼，目前它们也没有被抓的危险；毕竟，我们不知道空棘鱼的祖先生活在哪里：它们在化石记录里消失了 7000 万年，那么在科摩罗群岛形成之前的这 6500 万年间，空棘鱼在哪里生活？显然它们不可能在深海里晃来晃去，干等着火山岛冒出来！"

弗里克对此这样解释："如果你考察一下科摩罗的社会经济状况，就会明白为什么科摩罗人会吃海洋中的每一种小生物。事实上，暗礁里的鱼早被捕光了，他们不得不去开发海洋更深处的资源。当他们这么做的时候，偶然抓到了空棘鱼。谁能责怪这些可怜的家伙？他们的生存比鱼的生存更重要。人活着就要吃饭。这就是我们粗暴对待地球造成的结果，可悲的是，这就是演化的方式；更不幸的是，此刻的我们扮演了恐怖的压迫者的角色。"

1994 年，在《华盛顿公约》颁布五年后，科摩罗终于签署公约，合法捕捞空棘鱼的市场随之崩盘。不过人们怀疑黑市依然存在，至少有合适的买家进城时是这样。一些报道称空棘鱼可以卖到 2000 美元，这是当地渔民平均年收入的 5 倍，让人很难拒绝这样的诱惑。但是，越来越多的科摩罗渔民开始明白，如今捕到空棘鱼已经不再等于中了彩票。

来自明德拉多村（Mindradou）的艾哈迈德·布尔哈内（Ahmed Bourhane）是一个身材健美、剃着光头的渔民。他清楚地记得自己捕到空棘鱼的情景。"那是 1995 年，"他回忆道，"大概是晚上 11 点，我觉得有东西上钩了，刚开始我并不知道是什么。它被钓上来的时候扭来扭去。它很重，我试了三次才用一个大钩子把它的嘴钩住。我摸到它的皮，感觉到这是一条奇怪的鱼，但在黑暗中，我不知道它是什么。我赶紧呼唤其他有灯的渔民，当他们过来时，我才知道那是冈贝萨。"

"当然，我肯定很高兴，因为我相信我能因此得到一大笔钱，还能免费去麦加旅行——从前村里抓到过空棘鱼的渔民都赚了不少。所以我把它放在船上，尽我所能让它活下来，它没有挣扎。"那天是星期天，没有出租车，所以他租了一辆车，把鱼带到了首都莫罗尼的博物馆。但他们不想要。于是他又把它带到了岛北端的加拉瓦独木舟海滩酒店，他们也说不要。中国大使馆也拒绝要这条鱼。"鱼在车上待了一整天，无人问津。我倒贴了 4 万科摩罗法郎（约 57 英镑）。后来我把它身上的油放干，留给生病的人吃，接着把鱼肉烤来吃了，味道还不错。"

这种捕到了空棘鱼却卖不出去的消息如果能在科摩罗传得足

够远，空棘鱼活下来的几率就会更大。消息传得很快。尽管他们传递消息的方法看起来有些旁门左道，但就连弗里克也受到了科摩罗卓有成效的空棘鱼民间保护运动的鼓舞。1994年，冈贝萨保护协会（Association pour la Protection du Gombessa）成立。四年后，协会在一间粉刷一新的教室里举行了正式的仪式。来自12个村庄的渔民和老人，穿着最好的衣服，笔直地坐在老旧的木桌后面；教室外面，女人们穿着鲜艳漂亮的衣服围成圈跳着舞，吟唱有关空棘鱼的歌。"美妙的鱼儿冈贝萨，世界喜欢它；为了让我们的孩子都知道，我们要保护它，不是捕捞它。"

协会会长是一个名叫哈桑·江巴（Hassane Djambaé）的老渔民，他主持了当天的仪式。在深红色土耳其毡帽下面，你可以看到他坚毅而自豪的脸。他表示："我们今天齐聚这里，是为了讨论要如何保护冈贝萨。这不容易。捕鱼是我们的文化，但是现在，我们要教导我们的渔民，不要捕这种鱼。"他的身后跟着一名吟唱《可兰经》的年轻男孩。

一位年轻的科摩罗生态学家、国家环境保护组织"乌兰加"（Ulanga）的成员赛义德·艾哈马达（Said Ahamada）解释道："成立协会的目的是保护空棘鱼和它们生活的海底世界。""乌兰加"也一直大力推动空棘鱼保护协会的成立。"科摩罗渔民收入不高，平均每天挣2000科摩法郎（约合2.8英镑）。他们需要帮助。让他们理解空棘鱼对世界的重要意义也许很难，所以我们要灌输的理念是，保护空棘鱼可以给他们带来社会经济效益。"

伊仑曹岛被认为是空棘鱼最为集中的栖息地。协会的终极目标是将这个海岛附近的水域建设为国家海洋公园，全面禁渔。弗里克想在空棘鱼的洞穴口安装一台永久摄像机，把实况录像传回岸边的空棘鱼信息中心。他强调说："这是一件令人兴奋、意义非凡的事。虽然你无法摸到这些动物，无法潜水去看它们，也无法乘坐贵得离谱的观光潜艇，但是你可以通过实时视频画面看到活的空棘鱼。"他相信，科摩罗的旅游业完全可以让这个信息中心维持运营，目前所需要的只是初始资金。

冈贝萨保护协会持续推动这项计划，渔民被告知，如果他们不再捕捞空棘鱼，未来将会从中受益。一些狂热的激进分子四处散布，那些带空棘鱼回家的人将面临悲惨的下场；还有小道消息称，捕到空棘鱼的渔民非但得不到名利，还会被巫医诅咒。据报道，已经有几个渔民放弃把捕到的空棘鱼带上岸，而是把它们放生了。弗里克认为这是他听过的最好的消息："但是……空棘鱼能撑过这一捕一放吗？当它们被拉起，穿过温热的海水，经历痛苦和疲惫，乳酸在体内积聚，内耳受损，呼吸系统承受巨大的水压变化。我怕它们没有存活的可能。不过，也许它们比我们想象的更坚强？也许，只要它们被带到水面后立即释放，就仍然有活下来的机会？"

探险者俱乐部的哈姆林也这么想，还砸了很多金钱和精力想要证明这一点。孟巴沙在车祸中丧生，他的空棘鱼水箱也拆除了，所以哈姆林决定在拯救空棘鱼行动中采取另一种策略。他在美国康涅狄格州绿树成荫的格林威治镇一栋曾经是小旅馆的建筑里成立了"空棘鱼救援任务总部"，在里面养了一条白化的缅甸蟒、一条哥伦比亚红尾蚺、一只印度星龟、一只国王变色龙和一只秃头凤头鹦鹉，他还在那里建立了空棘鱼网站 dinofish.com 来提供奖金。

"我在网上组织了一场'拯救空棘鱼'比赛，胜出者将获得500美元奖励。几个月来，我得到的都是预料之中的答案：全是克隆、养鱼场、人工珊瑚礁等建议——这些建议要么贵得离谱，要么不切实际。"他回忆说，"后来有一天，我收到来自佛罗里达州生物学教授雷蒙德·瓦尔德纳（Raymond Waldner）博士的邮件。他提到了一种技术，这种技术过去用来释放暗礁深处的鱼，让它们在游回深处时不会受致命水压的压迫。具体做法就是拿一根没有倒刺的鱼钩，上下颠倒地插在鱼嘴，再在钩柄处加一些重物。将一条线绑在鱼钩弯曲的部位，拽着线把鱼重新沉回海底。当把鱼线猛拉起来，没有倒刺的鱼钩就会从鱼嘴里拔出来。这样，鱼就可以重返海底，鱼钩还可以重复使用。"

哈姆林兴致勃勃地读了这封邮件，研究怎样在科摩罗应用这种技术。"就是这样。我设计了一种方法，把这个装置变得小巧轻便，可以装进小袋子，缝到T恤上。然后再把T恤分发给渔民，在T恤背面用图解的方式把这个装置的使用说明印上去。这个办法太好了。这样一来，空棘鱼在温暖的水面停留的时间可以缩短到几分钟。瓦尔德纳博士也因为他的好点子得到了500美元的奖金。之后我开始设计T恤，大量生产这种装置，把它们缝到小袋子里。我们第一批生产了大约70件，花了1000多美元把它们空运到科摩罗。这些T恤在1998年8月由艾哈马达分发给伊仑曹岛的渔民，还有数百名网友通过网络购买 T 恤来赞助这个项目。"如果这个方法可行，他计划送一些小标签到岛上，标记那些捉到后又放生的鱼，这样如果它们以后再被捕捞到就能被注意到，还可以通过在潜水器中观察发现标签，证明鱼确实是活下来了。"我希望这个方法奏效，空棘鱼能得救，我也能继续过我的生活。"哈姆林说道。

1991 年发生了一件事，给这些担心空棘鱼未来的人们带来了希望。8 月的某一天，一条相当大的雌性空棘鱼在莫桑比克海岸外被日本船只的拖网捕获。他们把这条长 1.79 米、重 98 千克的鱼直接在船上冷冻，在 12 月交给了莫桑比克首都马普托的自然历史博物馆。

和之前一样，又是在平安夜的时候，格雷厄姆斯敦的史密斯研究所收到了传真，得知了这个消息。几周后，布鲁顿（当时还是所长）和弗里克前往莫桑比克调查。布鲁顿在机场见到了博物馆馆长奥古斯托·卡布拉尔（Augusto Cabral）博士。卡布拉尔是一位传奇人物，在莫桑比克漫长的内战期间，他凭一己之力让博物馆运作下去。卡布拉尔向他们保证，这绝对是一条空棘鱼——在科摩罗以外的地方发现的，第二条被拖网捕上来的空棘鱼。但坏消息是，由于缺少合适的冷藏设备，卡布拉尔不得不解剖了这条鱼并且丢弃了它的内脏，这与 1938 年的情形惊人地相似。不过，也有好消息，在它的体内发现了 26 个完全成形的空棘鱼胚胎，他设法把它们保存下来了。

印度洋西南部的岛屿地图

（薇拉·布赖斯绘）

莫桑比克的这条空棘鱼引发了一系列的推测和假说。它的捕获地和捕捞方法让大家重新审视过去对这个族群的猜测。既然空棘鱼生活的区域远比预想的要大，那么东伦敦的那件标本会不会并非离群索居？除此之外，有关空棘鱼繁殖方式那些沸沸扬扬的争论也随着新的胚胎标本出现而平息。

　　过去，所有关于空棘鱼种群动态的估计都是基于美国自然历史博物馆的那件标本和它的 5 个胚胎。莫桑比克这条鱼的横空出世，把空棘鱼的生育率一下子提高了 5 倍。如果空棘鱼一次能产下 26 只幼鱼，那么它们的处境还会像我们想象的那样窘迫吗？另外，这个发现也推翻了巴隆关于空棘鱼幼体在子宫内同类相残的假设。

　　而对于空棘鱼界那些持怀疑论者和悲观主义者来说，莫桑比克的标本代表不了什么。任何胎生的动物，繁殖速度都很慢，即使一次可以生出 26 个后代也不例外。他们还争辩，这条鱼就像东伦敦的那条一样，绝对是顺着南行的洋流，从科摩罗漂流到佩巴内（Pebane）附近的水域，然后在那里被捕获的。

　　一直以来都有传言，说在马达加斯加附近发现了空棘鱼。早在 1982 年，马达加斯加政府就发行了一枚小型张，描绘了空棘鱼在马达加斯加生活的样子。四年后，一个据称是在当地捕获的空棘鱼标本在塔马塔夫（Tamatave，现为图阿马西纳）展出，不过后来人们发现，那件标本其实是在科摩罗买的。哈姆林花了几周时间，在印度洋东北海岸游历，拜访当地的渔民，但并没有发现马达加斯

在莫桑比克捕到的空棘鱼腹中的幼鱼胚胎
（罗宾·斯托布斯摄，藏于史密斯研究所）

加也有空棘鱼的直接证据。然而，当地政府似乎对此相当肯定，还在 1993 年又发行了另一款新的空棘鱼邮票，这一次的背景是突起的岩石和洞穴。

两年后，马达加斯加政府的直觉得到证实。1995 年 8 月 5 日，在马达加斯加西南海岸图莱尔（Tulear）以南 33 千米处、大科摩罗岛以南 1300 千米处的阿纳考（Anakao）村，一条重 32 千克的空棘鱼被一张放得很深的鲨鱼网捞起。它被三个年轻的渔民捕到，而这三个人对空棘鱼一无所知。所以当他们拉起网看到这条怪异的鱼时被吓坏了，差点没把网直接扔回水里。马达加斯加人一直遵循一套复杂的禁忌系统（称为 fady），这与他们对神秘主义和精神世界的信仰有关，植根于他们的印度尼西亚祖先。任何奇怪或未知的事物都被他们视为禁忌，禁止触摸或使用。在马达加斯加渔民看来，空棘鱼有着奇怪的"四肢"，是一种怪物，要格外小心地对待。打破禁忌会有致命的危险。尽管如此，船主泽兹（ZeZe）还是决定冒险把这条鱼带回村里，给村长里吉斯·鲁宾逊（Regis Robinson）看，他也是一个经验丰富的渔民。

然而，鲁宾逊也同样感到困惑。不过，就在渔民打算把这条鱼切碎当鱼饵的时候，一个路过的法国人认出它是空棘鱼，用 2 万马达加斯加法郎（4 英镑）把它买了下来。之后，他乘船把这条鱼带到图莱尔的鱼类和海洋科学研究所博物馆（Museum of the Institute of Fisheries and Marine Sciences），在那里，它被妥善保存并用于展览。

同样，这件事也并没有让所有人都心服口服。一些怀疑论者坚持认为，这也是一条离群的鱼，是被洋流从科摩罗带到这里来的。但是在 1997 年，另一条空棘鱼又被这几个渔民在相同的地点和相同的环境捕获。如果这还是巧合的话，巧合也未免太多了。

"空棘鱼的祖先可能生活在马达加斯加岛附近。"斯托布斯指出。这是全世界第四大岛，曾经是超级大陆冈瓦纳的一部分。在大约六七千万年前，它才与非洲大陆分开。恰好也正是此时，空棘鱼的化石记录消失了。这也意味着马达加斯加岛比科摩罗岛更加古老。"而直到最近，马达加斯加地区的捕鱼技术才发生变化。当地渔民开始用渔网，而不是又长又深的鱼线来捕捞鲨鱼。这条不走运的空棘鱼就这样误入了渔网，"斯托布斯继续说，"就算现在，也很少有渔民愿意冒险在夜里远离海岸捕鱼。因为那样的话他们很可能会葬身大海。而在马达加斯加，人们非常尊重死者的尸体，最忌讳的就是死者的尸体不能入土为安，这会给整个家庭和社区带来恶劣的影响。所以，也许空棘鱼一直都在那里，只有改变捕鱼方法才能捉到它们。"

也许，空棘鱼一直都静静地生活在比人们所知更远的地方呢？这些年来，一系列证据显示，它的活动范围可能远比人们想象的要大。在所有的线索中，有些无疑只会扰人耳目。尽管单独看来，没有一条线索能提供空棘鱼生活在西印度洋以外的确凿证据。但综合来看，至少这些线索提供了某种可能性。

其中最有力的证据就是坦帕鳞片——也就是 1949 年，佛罗里达州的纪念品商寄给华盛顿史密森学会[1]金斯伯格博士的那片不同寻常的鱼鳞。而在当时，全世界唯一的空棘鱼拉蒂迈鱼，正安安稳

1　Smithsonian institute 按惯例翻译为史密森学会，下设美国的国家自然历史博物馆（National Museum of Natural History）。在纽约的著名博物馆是美国自然历史博物馆（American Museum of Natural History）。

稳地躺在东伦敦博物馆。坦帕鳞片虽然与拉蒂迈鱼的鳞片不完全一样，但它们的相似性足以让金斯伯格相信，这片鱼鳞属于一种古老的鱼，极有可能是一种总鳍鱼，也可能是另一种空棘鱼。

金斯伯格给这位女士回信，想要了解更多细节，但没有任何回音。因此，坦帕鳞片的来源自始至终都是一个谜——这是一个有关美洲也存在空棘鱼的暗示，但却让人束手无策。[1]

另一条重要线索是在1964年出现的。当时，阿根廷化学家雷提博士从西班牙毕尔巴鄂附近的一个乡村教堂买了一件还愿用的银器。这件精心雕刻的、长约4英寸（10.2厘米）的银器被鉴定为一种空棘鱼。每个特征都吻合，鳞片上还有空棘鱼的代表性白色斑点。他把银器交给了一位美国古生物学家，经过仔细研究，他得出结论：它很可能代表另一种不同的拉蒂迈鱼。无论是整体外观还是细节，特别是从鳞片的数量来看，这条银器鱼都更像是大盖鱼。大盖鱼是已发现的空棘鱼化石中最年轻的一个属，可以追溯到7000万年前。

不久后，斯坦纳特在西班牙托莱多买下一件鱼的雕刻品。这件雕刻品比上述还愿品大，和莫桑比克的空棘鱼幼鱼几乎一般大，雕刻得也更精细和复杂。不可否认的是，它就是空棘鱼。这是斯坦纳特从一批银制的鱼类收藏品中买来的，它们很可能出自同一位艺术家之手，这批作品表现了具有特殊体形的不寻常鱼类。马德里的普拉多博物馆（Prado Museum）一位南美银器权威专家认

1　如今这片鱼鳞已经遗失在庞杂的博物馆档案中。——原书注

为，这些银器可能是 17 到 18 世纪某位中美洲艺术家的作品。在这个地区，西班牙籍银匠会把作品的完成日期和产地刻在作品上，但玛雅人却禁止这么做。这两件银制的空棘鱼显然都没有相关标记。在那个年代，富有的西班牙人从中南美洲的殖民地带回艺术品捐给教堂是十分常见的事。普兰特和弗里克向另一位银器专家展示了雕刻品，后者肯定了普拉多博物馆的专家对银器年代的鉴定。他说，鱼体表面的黑色氧化银和头部下方细小的锻造接头（后来这些接头会被制造得更重一些）都与 17 和 18 世纪的作品一致。这些艺术品所展现的美丽的空棘鱼与失去鳞片的那条坦帕鱼很可能属于同一种鱼。

弗里克和普兰特对此深感着迷：这些银制的空棘鱼，早在 1938 年发现那条引起全球轰动的空棘鱼的几个世纪前，就已经完成了。鳞片上刻画的白色斑纹排除了它们的外形参考自化石的说法。无论如何，这件银制品在每个细节上都是如此准确，即使与最有经验的古生物学家的复原作品相比也有过之而无不及。海洋生物与鱼类学家唐纳德·德·席尔瓦（Donald de Sylva）在期刊《海洋前沿》（*Sea Frontiers*）中写道："即使是最优秀的工匠，也几乎不太可能只依据化石就能做出如此完美逼真的作品。"

或许我们可以假设，在空棘鱼被科学界鉴定出来的很久之前，某位工匠就得到了一条在科摩罗发现的新鲜的空棘鱼，或者是一条盐腌或烘干的从这些岛屿带回中美洲的空棘鱼，来进行仿制。但这有悖常理。

所以这样解释可能更合理：这些艺术家本来就有活生生的"模特"作为参考，换句话说，他们在离家不远的地方发现了这种鱼，也许就在中美洲的外海。世界上有很多偏远海域与科摩罗环境相似，礁石密布，有火山洞穴和宁静的深海。当然，这些鱼可能存在于海洋里深不可测的任何地方——只是没有被我们抓到而已。

　　弗里克认为永远无法忽略这种可能性："我找不到理由说，别的地方就没有空棘鱼。我只希望我们永远不要找到它们。"

第十一章　海洋之王

这是一场梦幻的婚礼和蜜月。28位亲朋好友从世界各地飞往巴厘岛，参加马克·埃德曼（Mark Erdmann）和阿纳兹·梅塔（Arnaz Mehta）的婚礼。一群美丽的未婚少女用头顶着水果和鲜花，长桌上堆满当地的特色美食，人们在满月下翩翩起舞。第二天，婚礼队伍乘坐复古而豪华的印尼双桅帆船，前往科莫多岛开始为期六天的蜜月之旅。

旅行结束后，大多数宾客都飞回了各自的家。埃德曼、梅塔和他们的朋友约翰与珍妮尔·因蒂哈尔（John and Janel Intihar）夫妇继续前往印尼的苏拉威西岛（Sulawesi）。对从未到过亚洲的因蒂哈尔夫妇来说，这是一趟非同寻常的旅行。旅行将在苏拉威西岛北端的万鸦老（Manado）结束。最后一天，也就是1997年9月18日，埃德曼和梅塔带他们感受了当地独特的民俗文化：去参观真正的、充满鱼腥味的印尼鱼市。

那是一个酷热的早晨。他们刚从出租车上下来，就被吵闹熙攘的人群围住了。人们交头接耳，好奇地盯着他们。市场上到处散发着鱼的腥臭味。梅塔看到一位满脸皱纹的老人推着一辆侧面涂

　寻找我们的鱼类祖先：四亿年前的演化之谜

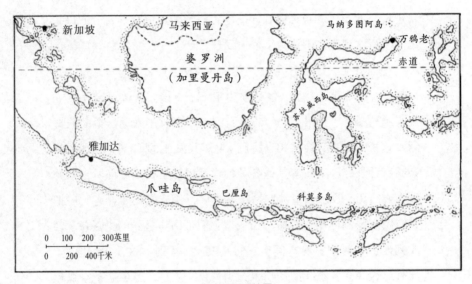

印度尼西亚地图

（薇拉·布赖斯绘）

着深红色 A 字的木制手推车从停车场穿过。车里躺着一条巨大而怪异的鱼，在艳阳下熠熠生辉。她把身为海洋生物学家的丈夫埃德曼叫来，问他知不知道那是什么鱼。

埃德曼回忆道："我立刻就认出这是一条空棘鱼。我非常肯定。我 12 岁就读过关于空棘鱼的书，这种鱼让我浮想联翩。我知道过去它们只在西印度洋被发现过，但我不知道有关这种鱼的最新进展，我也不知道当时在印尼是否已经捕到过这种鱼，所以我无法判断这到底是不是一个重大发现。"

他向其他人解释这条鱼是什么，以及为什么人们对它这么感兴趣。埃德曼思绪翻腾，他必须决定下一步该怎么做："要不要立刻买下这条鱼？我很小心，不让自己表现得过于激动，以前我遇到过这样的情况，结果相当尴尬。除了我发表的 11 种来自印尼的虾蛄新种外，这里还有其他各种各样我以为是科学界前所未知的生物或行为。我长途跋涉跑去观察它们，给它们拍照，有时还把它们做成浸制标本。然而，当我把它们带回华盛顿的史密森学会或其他机构时却发现，其实它们并没什么特别。这让我很尴尬，同时对这些被我杀死的动物也充满愧疚。不过，至少这条空棘鱼现在已经是条死鱼了；但是，它个头实在太大，我没法把它装进罐子里。"

埃德曼转念一想，他们只在城里的小旅馆里待几天，而且还有一大堆事要处理，一个月后，他和梅塔就要搬到苏拉威西岛的万鸦老，在回美国前，他们必须把所有琐事都安排好。所以那天，理智战胜了一切。梅塔说："我真的对这条鱼很感兴趣。我觉得我们还应该再多找一些这样的鱼。但一大群人聚在我们周围，我搞不清楚他们是对我们还是对鱼感兴趣。他们开始猜这是什么鱼，显然没人认识，大多数人把它当成一条深水石斑。"梅塔让埃德曼拍些鱼的照片，她开始和推车的老人交谈。埃德曼没带相机，于是就借了珍妮尔的相机，飞快地拍了几张空棘鱼躺在手推车里的照片。

当埃德曼检查这条鱼的时候，阿纳兹·梅塔跟推车的老人闲谈起来。她回忆道："他似乎对这种关注很不自在。如果我们不去打扰他，让他直接把鱼卖给市场里的鱼贩，他可能会更高兴些。我问他在哪里捉到这条鱼的。

"他回答：'在深海。'没有太多有用的信息。

"我又问：'在哪里？'

"他转身用手指向大海，指着海上的那些岛屿说：

"'很远。'

"'你经常抓到这种鱼吗？'

"'很少。'"

"他简短的回答深深地烙在我的心里，"埃德曼接着说，"因为他不愿意解释，我干脆打破提问的第一定律，开始问他一些引导性的问题。不管怎样，在我的循循善诱下他说出，他是在深海里捕到这条鱼的，似乎可以推测，他是在独木舟上钓到它的。事情发生在晚上，还有，这条鱼死得并不痛快。"

老人越来越不安，在他们谈话的同时，鱼也在日渐强烈的阳光下曝晒。他们相信以后也能通过这辆手推车把他认出来，于是决定放他离开。埃德曼说："我记得当他走时我犹豫了一下。我是不是应该把它买下来？理智告诉我不要。然而我很快就后悔了。为此我自责了近一年。这或许是我犯下的最大的错误。无数次夜里醒来，我都在为这件事懊恼：我至少应该取一片鳞片下来，或者采一些血样和组织样本，当时我随身带着取样工具，却完全没有想到这点。我只能自我安慰，我们很快就要到万鸦老住两年，我们一定还会找到空棘鱼。"

三天后，他们飞往加利福尼亚。在漫长的旅途中，这条鱼一直在埃德曼的脑海里游来游去。他刚在加州大学伯克利分校取得了有关虾蛄类研究的博士学位。到达伯克利的当天，他就去找了系主任罗伊·考德威尔博士（Dr. Roy Caldwell），问他有没有在西印度洋以外的海域发现过空棘鱼。

"据我所知没有。"考德威尔答道。他们在网上搜索，查找相关书籍和文献，从没有人提到过在苏拉威西以北数千英里内有空棘鱼的存在。对于这个重大发现，他们兴奋不已，但埃德曼决定等他拿到在鱼市上用珍妮尔相机拍的照片后再联系相关专家。

四天后，埃德曼和梅塔去俄亥俄州（Ohio）看望他的母亲。午饭后他们回到家中，发现电话响个不停。考德威尔打了好几通电话过来，他们的朋友约翰·因蒂哈尔和加拿大圭尔夫大学的鱼类学家戴维·诺克斯（David Noakes）也打来了电话。埃德曼的母亲说："显然所有人都在为发现这条鱼而感到兴奋。"

埃德曼联系上考德威尔，考德威尔告诉他，自己可能犯了一个弥天大错。他收到了约翰·因蒂哈尔群发给所有参加婚礼的人的

寻找印尼空棘鱼途中的马克·埃德曼

（马克·弗莱彻摄）

邮件，邮件里邀请他们去浏览他和珍妮尔创建的"埃德曼和梅塔的蜜月之旅"网站（因蒂哈尔是华盛顿特区的一名系统工程师）。考德威尔自认是技术发烧友，立刻打开了网站。结果，在一堆结婚照中，他看到了空棘鱼的照片。那的的确确就是空棘鱼，色彩鲜艳，毫无疑问是"老四足鱼"。考德威尔激动得第一时间就给伯克利的同事发了邮件，让他们也去这个网站"看看埃德曼在印尼发现了什么"。

他的收件人中，还有著名的鱼类行为学家乔治·巴洛（George Barlow），巴洛又把这条消息转发给他以前的学生、现在的同事，也是空棘鱼保护协会的成员，戴维·诺克斯。诺克斯早就听说过有关日本水族馆和中国长生不老药的传闻，所以当他看到这张照片，他第一时间就想到了保护的事。他打电话给考德威尔，向对方祝贺这个惊人发现，同时也提出了顾虑和警告，认为这些网上的照片必须立刻删掉。考德威尔立马联系了因蒂哈尔，不到一小时，空棘鱼的照片就从网上消失了。但即便如此，还是有很多人听说了这条印尼空棘鱼的故事。

考德威尔的电话开始响个不停。人们纷纷对他表示祝贺。但对空棘鱼，一些人难免存在疑问。巴隆是最早联系他的人之一，他强调说这绝对是一个"蜜月骗局"。史密森学会的维克·斯普林格（Vic Springer）开始也持怀疑态度，不过后来他又提出另一种可能，即这条空棘鱼很可能是日本拖网渔船在科摩罗捕获的，但由于担心违反《华盛顿公约》，他们在返航的路上把鱼扔到了万鸦老的鱼市。

当埃德曼回到伯克利后，他已经决定暂时不公开这个发现。他说："我不希望各路人马杀去万鸦老，向渔民们开出巨额赏金。同时，我需要弄到另一条鱼来打消部分人的疑虑。我准备等保护措施全部到位之后，再向世界宣告这个发现。"

埃德曼夫妇回到万鸦老，希望能在不久的将来找到另一条空棘鱼。这座热闹的海滨城市在 1859 年曾被博物学家阿尔弗雷德·华莱士（Alfred Wallace）誉为"东方最美丽的地方之一"。他们搬到了布纳肯岛（Bunaken），那里距离万鸦老只有 15 公里航程，同时还是世界上最好的潜水地点之一。这座岛拥有神奇的珊瑚花园、美丽的沙滩，岛上没有汽车，只有悠闲的岛民。他们在这里度过了两年田园生活，同时寻找着空棘鱼。寻鱼第一站是万鸦老的鱼市，他们在那里花了好几天，顶着烈日寻找那位老人和那辆漆着深红色 A 字的木板车。可是一无所获。埃德曼和梅塔很快意识到，车很可能已经被重新油漆过，而且即使他们找到了那辆车，也不能保证可以找到那位老人。

于是他们决定尝试一些新方法。埃德曼把空棘鱼的照片复印了很多份，在市场上分发。他还承诺提供 20 万印尼盾（12 英镑）的奖金给找到空棘鱼的人。可是没有一个鱼贩认识这种鱼。大部分鱼贩认为这是一条石斑鱼，还有人猜得更离谱。有一个人似乎知道这种鱼。他说它叫"kabos laut"，意思是"大海里的弹涂鱼"，在埃德曼听来，这种说法可信度很高。

"到这时，我已对这场搜寻倍感着迷。我读了所有能找到的与空棘鱼有关的资料，包括《老四足鱼》，书里的故事从头到尾都深深地吸引着我。我从小就喜欢海洋探险和那些发现故事,史密斯和他寻找空棘鱼的冒险故事令我心驰神往。我无比希望自己生活在达尔文时代,那个时候环游世界、发现新鲜有趣事物的人,不是某个科学领域的专家,而是真正的博物学家。我要把握住这个机会,找到另一条空棘鱼。尽管《自然》杂志已经表示,他们愿意接收只有现在这些照片的论文,可我不想像这样匆忙发表一篇论文便跟空棘鱼道别。"

在美国国家地理学会(National Geographic Society)的资助下,埃德曼决定扩大他的探索范围。他开始在周围各个近海岛屿考察,向渔民询问这种鱼,留下背面印有联系地址和奖励细节的照片复印件。

> 每条鱼奖励 20 万印尼盾,最多 3 条。如果你抓到它,请立即把它带到布纳肯岛,到帕吉林桑海滩(Pangilisang Beach)去找马克·埃德曼博士。务必在腐烂前将它带来。

他从布纳肯岛开始分发这些复印件。"有关这是什么鱼,我得到了三种回答。"他解释道,"有的人对此一无所知,茫然看着我;有的人说它叫'buku laut'(字面意思是'大海之书'),他们说那是一种大鱼,在刮西北季风的时候躲在漂浮物下面,我觉得这种说法不太可信。还有人说它是'ikan sede'。起初我认为这种说法比较靠谱。因为这么说的都是年纪比较大的渔民,而且他们用跟科摩罗人一样的独木舟——加拉瓦捕鱼。他们似乎辨认出了这种鱼的重要特征，即独特的鱼鳍、鱼尾和鱼鳞，而且他们还说这种鱼通常是在 100 多米深的珊瑚礁找到的。提到有奖捕捞，他们激动地表示很快就能抓一条给我。这让我重新燃起了希望。"

过了一个星期，他拜访了另一座小岛 —— 内恩岛（Pulau Nain）。在那里，他与用捕鲨网的渔民交谈，这些渔民说不认识这种鱼。埃德曼又问："那你们认识 'ikan sede' 吗？"

"我们当然认识 'ikan sede'，但这条鱼不是。"他们答道。

埃德曼回忆道："我们的情绪就像坐过山车一样，一下子从云端又跌至谷底。我时常觉得沮丧，不知该相信谁的说法。但我还是给他们留下了照片复印件和我的地址。"

1998 年 3 月的第二周，埃德曼和梅塔拜访了附近的马纳多图阿岛（Manado Tua），这是一座死火山岛，如同从海平面凭空冒出的巨型蚁丘。岛民住在狭窄的海岸边缘，大多数人靠捕鱼为生，少数人在植被茂密的陡峭山坡上采收椰子，种植香蕉、杧果和鸟眼辣椒。埃德曼和梅塔爬上山顶，留他们的厨师坦特·伊塔（Tante Ita）在渔民中四处打听。伊塔已故的丈夫就是当地人。当他们从山上下来时，她兴奋地跳着喊道："我找到啦！"随后便带他们去见奥姆·拉梅·索纳森（Om Lameh Sonathon）。

索纳森身材瘦削，是个脸上挂着腼腆笑容的小个子男人。他告诉他们，他已经 56 岁了，有 15 年的钓鱼经验。每天晚上，他都带着他的 11 名船员，乘坐那艘长 20 英尺（6.1 米）的小艇"特立尼达号"（Trinitas）在珊瑚礁附近布下刺网。他们的主要目标是捕捞鲨鱼，把鱼鳍剪掉卖到中国做鱼翅羹。除此之外，他们也捕捞深

从万鸦老港远眺马纳多图阿岛

（马克·弗莱彻摄）

水石斑和鲷鱼。据埃德曼说："索纳森立刻就认出了这张照片里的鱼。两三年前，他在马纳多图阿岛东南海岸钓到过这种鱼。他说这显然不是'ikan sede'，因为这种鱼的肉更厚，油脂更多。他们叫它'rajah laut'——海洋之王。"

　　这是埃德曼第一次对当地渔民的鉴定产生信心。随后他接受索纳森的建议，去跟岛上西海岸另一位刺网渔民马克森·哈尼科（Maxon Haniko）交谈。这次交谈更加坚定了他的信心。"马克森比较年轻，看样子三十出头，言谈举止非常自信。他似乎认识空棘鱼，并且愿意给我找一条。但很不巧，他的船引擎出了故障……我答应把我的引擎借给他用一段时间，于是我回船上去取。当我回去时，他身边坐了一位满脸皱纹的老人，这位老人看起来还有点面熟。马克森介绍说，这是他父亲。于是我坐下来，又开始讲我在鱼市上的故事。老人突然激动起来：'我就是你在市场上遇到的那个人！'"

这就是埃德曼一直在找的证据。老人继续解释，当时他在市场上卖的就是马克森捉到的"海洋之王"。不过他自己用独木舟捕鱼时，从来没有抓到过这种鱼。他说他以 2.5 万印尼盾（约合 6 英镑）的价格把它卖给了一个鱼贩，这个鱼贩转手又把它卖给了一个华人。老人说，事实上，他每卖一条"海洋之王"，就会有一个华人买家把鱼收走。埃德曼回忆说："他觉得这很有趣。这里的华人很富有，也爱炫耀他们的财富，但是食用这种鱼容易引起腹泻。老人觉得华人可能以为自己买的是石斑，还把它煮来吃了，结果就是拉出一大堆油。"

如果空棘鱼就是"海洋之王"的话，那么"ikan sede"又是什么呢？没过多久，埃德曼和梅塔就找到了答案。几天后，船员达英·赛义德（Daeng Said）大清早跑到他们家，说布纳肯村的海滩上有一名鱼贩弄到了一条"ikan sede"，还给埃德曼留着。尽管赛义德认为这不是他们要找的空棘鱼，但他们还是去了海滩。在那里，他们看到了一条非常大的棕色的鱼，有着大眼睛、大嘴巴和短而带刺的鳞片。埃德曼认出这是一条深水鱼，但除了体型外，它跟空棘鱼完全不像。他对这位鱼贩表示感谢，给了他一笔不菲的酬金。他给鱼拍了几张照片，然后把鱼分给赛义德和伊塔各一份，让他们都尝尝。起初，两人有点犹豫，因为他们听说过吃这种鱼会"漏油"的故事——最后伊塔还是大胆尝试了，说味道还不错。

埃德曼回到家，试图把"ikan sade"鉴定出来。他在美国食品药品监督管理局（US Food and Drug Administration）的网站上发现了一张这种鱼的照片。原来它就是空棘鱼的老朋友、科摩罗的老邻居——油鱼。"现在我们知道，布纳肯的渔民其实根本不知道我们在找什么，空棘鱼的尾巴和油鱼的尾巴完全不同。于是我们决定把主要精力放在马纳多图阿岛。"

　　埃德曼开始每隔几天就去拜访索纳森和马克森。他把奖金提高到60万印尼盾，相当于两条大鲨鱼的市价。他解释道："我仔细权衡过奖金的问题。这笔奖金必须大到足以让他们在抓到鱼的第一时间就来找我，而不是送去鱼市；但是奖金又不能过高，否则就会引得一大拨渔船跑去马纳多图阿岛捕捞'海洋之王'。我不想造成空棘鱼的无谓伤亡。刚开始我还担心会被捕到的空棘鱼所淹没，所以我没有像史密斯那样，在整个村子都贴满海报。"

　　很快他就意识到自己过于乐观了。几个月过去了，仍然一无所获。印尼爆发动乱，经济崩溃，总统苏哈托（Suharto）辞职，一时间，各大城市的街道上挤满了愤怒的暴力抗议示威者。不过，北苏拉威西岛仍然很平静。每天傍晚时分，埃德曼会登上索纳森的船，去看渔民们在100米长的渔网底部绑上石头，并小心翼翼地沿陡峭的礁壁把网放下；而在黎明时分，他会回来，看着渔民们把网拉上来，十几个肌肉结实的男人步调一致，就像一支专业的拔河队。每当渔网被拉出水面，埃德曼都满怀希望，期待看到一条被网缠住的空棘鱼，但每次都败兴而归。他研究了每个捕鱼点的温度和深度资料。"海洋之王"看来和科摩罗的空棘鱼生活在同样的水深和温度范围内（16 到 20 摄氏度之间）。到 7 月中旬，埃德曼干脆把奖金提高到 100 万印尼盾（约合 60 英镑）。"我祝渔民们好运，让他们继续干，希望有一天他们把鱼带给我。"

12 天后，在 6000 英里（9656.1 千米）之外，91 岁高龄的拉蒂迈小姐受邀作为特别嘉宾参加了南非造币厂限量版拉蒂迈鱼金币的发行仪式。仪式举办地点定在开普敦的两洋水族馆。布鲁顿这样向人们介绍拉蒂迈："女士们，先生们，今晚我们邀请到一位享誉南非和西方科学界的大人物。她在本世纪最伟大的生物学发现，也就是第一条活着的空棘鱼的发现过程中，起到了至关重要的作用。这位嘉宾就是玛乔丽·考特尼 - 拉蒂迈。"

拉蒂迈精神矍铄，身穿一套整洁的黑色洋装，衣服上有假皮草领子（她开玩笑说，这身衣服跟空棘鱼一样古老），走到麦克风前做了一番简短的演讲。她先是感谢南非造币厂给她如此重要的荣耀，然后简述了她发现空棘鱼的事件和过程。当她提到古森船长、伯德岛和史密斯，提到她第一次看到这条美丽的蓝色大鱼，决心要拯救和保存它的时候，她放下了预先准备好的发言稿。她追忆那些过往，生动地讲述当年的传奇经历，时间仿佛倒退到 60 年前，在东伦敦的一座小博物馆里，有一个年轻的女孩，坚信自己发现的奇怪的鱼是特别的，必须要保存下来。

在演讲的最后，她说道："我永远不会停止对空棘鱼的研究。有时我对此备感困扰，因为还有那么多有意思的事等着我去做。我在博物馆工作了 40 年，从零开始打造这座博物馆，我在它

拉蒂迈小姐接受了空棘鱼纪念金币

（1998 年本书作者摄于开普敦）

身上花的精力远比空棘鱼要多得多；我的目标是，哪怕你只有15分钟逛博物馆，你仍然能充分享受这里的一切。我把所有的鱼类都安排在水塘、珊瑚和海藻中；所有其他动物都放在相应的生态环境里。退休后，我在齐齐卡马（Tsitsikamma）的一座小农场里住了15年，还写了一本关于那里的国家公园野花的书。但我永远无法完全舍弃空棘鱼。在这条鱼被发现50周年之际，我还应邀前往科摩罗，参加在当地博物馆举行的特别纪念仪式。这是一份美妙的经历：因为空棘鱼，我成为一个拥有特权的人，一个备受宠爱的人。空棘鱼让我登上了历史舞台，与它共受世界瞩目。直到现在，我还会收到来自世界各地的信件，包括可爱的小学生们的来信，问我有关空棘鱼的事情。我努力回复每一封来信。如果没有空棘鱼，今晚我肯定不会出现在这里，接受这枚漂亮的金币。"

空棘鱼的纪念金币用最纯的南非黄金铸成。就在南非造币厂把金币送给拉蒂迈的同时，横跨印度洋、远在6000英里（9656.1千米）外的地方，一条满身金色斑点的空棘鱼正从它的洞穴中游出来，钻进了索纳森在马纳多图阿岛撒下的渔网。几小时后，也就是7月30日，埃德曼和梅塔在家等着船员赛义德开船来接他们进城。埃德曼回忆道："他迟到了，这事很少发生在赛义德身上。大约8点10分，我看到船转过拐角开了过来。甲板上还站着好几个人，这不太寻常，不过我以为赛义德只是顺路载他们去万鸦老。随后赛义德跑上台阶，靠在我的书房门口；当时我还在想，他这个举止未免也太随便了。而他表现镇定，脸上挂着笑容。梅塔对他说：
'早安。今天怎么样？'这时，他的伪装终于土崩瓦解，他激动地
喊起来：'我们抓到海洋之王啦！'

"我向下看去，只见索纳森的儿子在浅水区抱着这条大鱼。我
们跑下台阶，梅塔手里不忘拿着摄像机，兴奋地冲向海滩。我仔细
端详，没错，这绝对是一条如假包换的空棘鱼！接下来发生的事情
就像史密斯所描述的一样。无数想法在我的脑袋里横冲直撞：怎
么办？怎么做？要告诉谁？"

梅塔拍下了空棘鱼在 1 英尺（30.5 厘米）深的水中缓慢游动
的画面。很明显，这条鱼已经奄奄一息：它一直试图翻过身来，脆
弱的前背鳍上有一条裂口。当她把空棘鱼放在索纳森的怀里拍摄
时，埃德曼也在拍照。他完全掩饰不住脸上的笑意。他让赛义德
和索纳森在镜头前给鱼摆好姿势：尾巴朝上，鳍朝外张开。脑子里
还一直思考接下来该怎么做。

"趁这条鱼看起来还活着，我们抓紧把它带到更深的水里去
拍更多照片。我们拿上潜水装备和我的水下照相机，把空棘鱼带到
礁滩。我们先是在两米深的地方拍摄它。可那里能见度不高，而且
也不是它的栖息地。所以我建议把它带到珊瑚礁边缘去。但梅塔
不赞成，这条鱼有轻微出血，她担心会把鲨鱼引来。不过我已经准
备好与任何鲨鱼搏斗了。"

埃德曼设法说服了她，于是他们把空棘鱼拖在船后，穿过暗
礁。当水流过它的鳃时，它似乎恢复了一些活力，不再挣扎着肚皮
朝上，而是开始用鳍划动。他们带着它潜入水中，把它往下引了几

米。它没有反抗，也没有试图挣扎或逃跑。[1]

"我们在水下待了大约 45 分钟。水流很强，能见度也很低。我很担心鲨鱼出现，一直注意观察有没有它们的踪影。我一边忙着调整摆拍空棘鱼的相机参数，一边设法不让梅塔入镜。"

"我拿着牵引绳在空棘鱼旁边潜泳，"梅塔继续说，"它不时地想要翻过身去，所以我还得支撑着它，让它保持游动的姿势。我被它的美丽所打动，它看起来就像披着金色的盔甲。它从容优雅地游着，丝毫看不出受到过惊吓，偶尔还会吞下一大口水。它让我想到西班牙舞者，它摆动着鱼鳍，就像舞者挥舞着带荷叶边的裙子。"

"它现在可能感觉好一些了。"埃德曼说，"当我游到它身边拍特写镜头的时候，我可以好好地观察它。它的每一片鱼鳞好像都带有金色的斑点，这太不可思议了。我伸手触摸它，它是那么柔软，我甚至可以用胳膊抱紧它，就像抱紧一个皮肉稚嫩的巨婴，而不是一条又大又硬的鱼。最让我着迷的是它那双大眼睛，它们发出绿色的荧光，好像外星生物。它一直看着我，我游到哪里，它的眼睛就跟到哪里。我们在浅水区时，渔民让我们'当心它的嘴，别被它咬到'。我并不这么想，它看起来非常温柔安详。"

拍摄完成后，他们带着空棘鱼回到礁滩。埃德曼拿出他的解剖工具、样本瓶、液氮容器和酒精，然后他们把鱼放进一个装了

1　就在他们沿着珊瑚礁潜泳时，一艘潜水船从他们身边经过。巧合的是，那艘船里坐着英国广播公司摄影师史考涅斯，1977 年他曾在科摩罗拍摄过濒死的空棘鱼。这一次，他正忙着拍摄产卵的小丑鱼，没有注意到旁边有另一条空棘鱼的存在。——原书注

阿纳兹·梅塔·埃德曼与空棘鱼共泳

（马克·埃德曼摄）

水的绿色大冷冻箱里，再装上船。这是他们能找到的最大的箱子，但对这条鱼来说还是太小了。空棘鱼躺在那里很不舒服，不同寻常的尾巴从箱尾伸出来，鱼鳍无力地拍打着。

"我当时情绪激动，尤其是和它一起游过泳后，再看着它慢慢死去实在太心痛了。"埃德曼回忆道，"它看起来是那么特别，一点都不凶残。我跟它产生了情感的牵绊，它给人的印象温和而聪明。我过去经常用鱼叉捕鱼，也见过很多濒死的鱼，但我从没产生过这种异样的感觉，对一条鱼心生敬畏。濒死的鱼往往会拼命翻滚和挣扎，空棘鱼却一直保持着它的尊严。它看起来极度痛苦。说实话，如果在我们拍摄时它能够表现得更有活力一些，我会有把它放走的冲动。"

史密斯应该能理解埃德曼的这种心情，换作他，也会做出相同的决定。即便放走，埃德曼的这位游伴也无疑会在几小时后就死去；时至今日，还没有一条空棘鱼能从被捕的创伤中活下来，而它最宝贵的身体内部秘密也会瞬间被在外堡礁巡逻的鲨鱼吞噬一空。这些秘密足以开启对世界上最不可思议的生物的研究新篇章，很可能帮我们找到一种确保它们还能继续生活 4 亿年的方法。

　　在前往万鸦老的半小时航程里，这条空棘鱼大部分时候还是清醒的。随着时间流逝，它游动的次数越来越少。渐渐地，只有那双绿色的大眼睛显示它一息尚存。而当船靠近港口时，它的眼睛也最终失去了光彩。印尼的海洋之王，安静而庄严地死去了。

第十二章　未知的领域

1998 年 9 月 4 日，埃德曼的文章正式在《自然》杂志上发表，比史密斯的第一篇文章晚了近 60 年。这个发现立即被誉为"十年来最轰动的动物学事件"，也得到了应有的认可。空棘鱼的照片被全世界的报纸、电视和互联网大肆报道。《纽约时报》的长篇相关报道标题是"发现恐龙时代鱼类的第二故乡"，里面描述空棘鱼"长得丑陋但又迷人"。《每日电讯报》则解释称："这种鱼已经有3.6 亿年的历史了。"[1] 而美国电视新闻网（CNN）、英国广播公司、美国广播公司（ABC）和福克斯电视公司（FOX）等新闻频道则把焦点放在了埃德曼夫妇蜜月之旅的人物故事上。哈姆林创建的 dinofish.com 网站也获得了创纪录的 6500 次点击量。如果让亚当斯——1939 年在《每日快报》上报道东伦敦发现拉蒂迈鱼的故事的摄影师——看到这番热闹景象，一定会感慨万分。

不出预料，空棘鱼令学界再次卷入近乎歇斯底里的狂热状

1　现在已知最早的空棘鱼是云南孔骨鱼（*Euporosteus yunnanensis*），在早泥盆世布拉格期化石中发现，距今约 4.1 亿年前。

态。一些科学家声称他们过去一直秘密参与这个项目，另一些则立刻放下最初的怀疑，转而去研究全球海洋洋流图。各大鱼类学研究中心的网络连线熙攘热闹，空棘鱼专家纷纷修订了自己的假说，收回之前说过的话，开始激烈讨论这次发现所带来的重要意义。

在听说这个消息几分钟后，弗里克就开始考虑把"杰戈号"带到马纳多图阿岛一探究竟。当他知道那里发现了一种新的空棘鱼，第一感觉是非常复杂的。他笑着解释："这对科学界来说是一个重大的利好消息。老四足鱼看来远比我们想象的要坚强。"然而，他同时也考虑到这件事可能产生的影响："我有点担心科摩罗人。我希望这件事不会影响到那里的保护工作。也许空棘鱼在印尼生存下去的几率更高，因为他们能从科摩罗的错误中吸取教训，从一开始就努力保护这种生物。"

然而，对大部分科学家来说，印尼发现空棘鱼新种是值得普天同庆的。它不仅开辟了新的研究领域，提供了新的讨论话题，而且确切证明空棘鱼在全球范围内的数量比过去认为的要多。

"它们居然在印尼被发现，这太不可思议了。我们过去以为空棘鱼祖先的栖息地是马达加斯加或科摩罗，印尼空棘鱼离这些地方太远了，"斯托布斯说，"这两种空棘鱼似乎生活在相似的深度、相同的温度、相近的岩石和火山分布的环境里，而且它们都与油鱼生活在一起。它们都是在新月（暗夜）前后被捉到，印尼渔民用的深海鲨鱼网与马达加斯加渔民泽兹捕获空棘鱼用的是同一种。这两种鱼在历史和栖息地上的相似之处是如此显而易见。大约2000年前，印尼人率先在科摩罗和马达加斯加定居，还把他们的捕鱼技术一并带来了。"

万鸦老和莫罗尼的距离超过 6000 英里（9656.1 千米），中间横跨印度洋。2000 年前，健壮的印尼渔民坐着小艇从家乡出发，乘着洋流向西进入未知的领域。最终，幸运的人们在非洲海岸外的荒岛着陆。也许在那里，在一堆稀奇古怪的动植物中，他们还发现了一种似曾相识的大鱼。

对埃德曼来说，印尼和科摩罗的空棘鱼第一眼看去似乎没有什么不同。唯一的区别在于身体的颜色：活着的科摩罗空棘鱼总是被描述为带有白色斑点的钢蓝色，而"海洋之王"的身体显然是棕色的——除了有着同样的大块白色斑点外，在它身体两侧还布满了闪闪发光的金色斑点。这其实是它鳞片上小而带刺的齿状瘤点由于棱镜效应产生的金色微光，但这一点在过去从来没被注意过。埃德曼相信，他的鱼和科摩罗的拉蒂迈鱼不是同一种。但这需要详细的基因检测。

在这条"海洋之王"死后不到一小时，埃德曼就采集了它身上主要器官的组织学样本，把它们储藏在液氮中。两个月后，也就是《自然》杂志的文章发表四天后，华盛顿特区史密森学会的馆藏主任苏珊·朱伊特（Susan Jewett）加入了研究团队，她也是空棘鱼的狂热爱好者。朱伊特前往印尼帮助埃德曼处理和保存空棘鱼。他们一起把空棘鱼从埃德曼的女房东的冰柜（它的临时存放所）小心地转移到聚苯乙烯材质的保管箱里，用飞机把它护送到印尼首都雅加达，再驱车一个小时把空棘鱼送到茂物动物学博物馆（Bogor Zoological Museum）。鱼一到博物馆就立刻被送到灯光明亮的解剖室，印尼最优秀的科学家们已经聚在那里，准备见证解剖过程。埃德曼和朱伊特戴上长长的防护手套和防毒面具，防止福尔马林挥发气体的毒害，他们全副武装，看上去好像准备去参加生物战一样。他们先称了鱼的体重（66 磅 =29.8千克），测量了它的身长（49 英寸 =1.24 米），然后给它注射保存液，摆成生活时的姿势供参观展览。在解剖的时候，他们发现了3 枚很小的卵，说明这是一条雌鱼。

此时，一种谣言在圈内传开，说朱伊特的真实目的是把这条 4英尺（1.2 米）长的鱼装进手提箱偷运回美国。埃德曼很快出来辟谣。"第一条鱼永远属于印尼，"他接着解释道，"但我们希望能得到《华盛顿公约》的允许，把下一条鱼送到距离雅加达半个地球之遥的华盛顿。"

朱伊特回到了史密森学会，手提箱里除了她的衣服外没有别的东西。而当埃德曼回到万鸦老时，空棘鱼的热潮已经掀起。国际媒体痴迷于这则好消息，一些不难预见的谣言和奇怪的说法开始传开：当地人在鱼市听说，一条"海洋之王"值 200 万印尼盾（120 英镑）；一位美国科学家，因为迫切想得到新鲜的空棘鱼脑组织，正在筹划来此地探险；一名印尼潜水者坚称，他在潜水时曾经看见过空棘鱼；而布纳肯岛上一家宾馆的一名常客更是离谱，他坚持说店主经常给客人烹饪和供应沙茶空棘鱼。

法国人也或多或少地想要试图盖过埃德曼的风头。就在埃德曼的文章在《自然》杂志上发表仅几小时后，一个研究隐秘动物（cryptozoology）的网站就声称，1995 年，一位名叫乔治·塞尔

（Georges Serres）的法国渔业顾问在爪哇南部夜捕龙虾时捕获了一条重 22 磅（10.0 千克）的空棘鱼。他在把鱼腌制晾干后交给了当地的渔业部门，因为后者承诺会把鱼送到雅加达的海洋研究所。但不走运的是，塞尔说他携带的物品在他准备离开时被偷了，其中包括当地称为 *ikan formar* 的鱼的照片。而研究所显然也没有收到这条腌制鱼标本的记录。一位法国科学家写道："倘若我们能找到一个人，证实塞尔先生制作的标本还在雅加达研究所的话，这将是一个极具'民族主义色彩的独家报道'。"

更令人担忧的是，在公布印尼抓到空棘鱼的短短一个月内，至少有五组日本人（也可能是同一组人来了五次）去找马纳多图阿岛的明星渔民索纳森、马克森和他们的船员，试图说服他们一起合作，进行空棘鱼捕捞活动。而且他们每来一次，开出的价码就更高。埃德曼决心要阻止任何人从他眼前偷猎空棘鱼。和很多接触过空棘鱼的人一样，他的心也被空棘鱼俘虏了。从 1997 年 9 月 18 日他在万鸦老鱼市看到第一条空棘鱼后，便永远也无法和它分开。

1998 年底，他多次前往雅加达，与一个临时组建的"拯救空棘鱼智囊团"的其他成员会面。会面的结果令人振奋：双方决议颁布一项行政法令，宣布空棘鱼是印度尼西亚国家财产的一部分，为了子孙后代，要把它们保护起来。除此之外，设立一个空棘鱼信息中心的提议也得到了热烈响应。

1999 年初，第一批重要的 DNA 分析结果回来了。（实验对比

　　　　　　　　寻找我们的鱼类祖先：四亿年前的演化之谜

了线粒体的 DNA，而不是细胞核里更复杂的 DNA。线粒体的形态就像细菌，每个细胞中有上千个，被比作"生命的发电机"。）研究人员获得了印尼空棘鱼线粒体遗传图谱的 3221 个碱基序列，经过大量计算机处理后，计算出它们与科摩罗空棘鱼有 3.4% 的差异。在埃德曼看来，这个差异并不足以将印尼空棘鱼称为新物种。[1]他想等印尼鱼和科摩罗鱼详细的形态比较解剖学结果出来后，再进行综合判断。

其他人并没有这样谨慎。1999 年 3 月，就在埃德曼团队的研究结果在等待发表时，一位法国鲇鱼专家劳伦特·普约（Laurent Pouyaud）与来自印尼科学院的团队合作，在《法国科学院院刊》（*Comptes Rendus de L'Académie des Sciences*）上发表了他们的 DNA 分析结果。根据这些结果，普约毫不犹豫地将印尼空棘鱼定为一个新种，命名为 *Latimeria menadoensis* L. Pouyaud。这种不光彩的科学盗窃行为不仅激怒了埃德曼，在空棘鱼研究领域也引爆了激烈的争论，规模可能仅次于 1952 年史密斯"盗窃"第二条空棘鱼后在报纸头条上引起的公开争论。

1999 年，在美国鱼类和爬虫学会的一次特别会议上通过了一项动议，试图推翻普约的命名，让阿纳兹·埃德曼作为命名人。然而，后来这被证明是徒劳的。普约并没有违反现行的《国际动物命名法规》，而且正如他所解释的那样，他的印尼同事一直希望他能

1　在蝾螈的世界里，这样的差异足以表明这是两个不同的物种；但就鸟类和蜗牛而言，这样的差异完全在同一物种的变异范围内。——原书注

抢在美国团队之前发表这个结果。因此，他的命名仍然有效。考虑到围绕空棘鱼争议不休的政治历史背景，这场争吵也完全在意料之中。

两个团队都在试图确定这两种空棘鱼家族分道扬镳的时间。由于科摩罗的拉蒂迈鱼没有近亲，很难准确算出它们的分异时间。埃德曼估计它们的分异时间在距今 550 万到 750 万年之间，而普约则认为分异时间要再晚上几百万年。

无论如何，他们的研究似乎解决了一个从印尼空棘鱼被公开以来就一直困扰空棘鱼迷们的难题：到底是谁先出现的，冈贝萨还是海洋之王？7500 万前，科摩罗群岛尚未形成，海底的火山还没有喷发。剧烈的板块运动仍在持续改变着地球的面貌。埃德曼提出一种假设：在中新世（距今约 2500 万年前），板块运动形成了印澳弧带（Indo-Australian Arc），使得太平洋和印度洋分隔开来，空棘鱼也因此被分为两个种群。如果这个假设正确的话，不难想象，在世界不同地方可能还存在更多的空棘鱼。埃德曼在《自然》杂志上这样写道："现存的空棘鱼不太可能只有两个'高度分散的种'。"受各路热情反应的鼓舞，他开始迫不及待地在印尼群岛周围的沿海村庄和鱼市上张贴空棘鱼的照片。

其他神秘的岛屿上也可能存在空棘鱼的消息刺激了新一代的冒险家和空棘鱼爱好者，他们印刷悬赏海报，去更偏远的印度洋边缘地带搜寻。关于先前那两个银制空棘鱼模型的来历，有一种假设也变得越来越流行：这些银器产自菲律宾，而不是中美洲，它们被西班牙商人从菲律宾（离万鸦老只有几百英里）带回了托莱多和毕尔巴鄂。

关于空棘鱼的各种传言无疑会持续吸引更多爱好者以及古怪的人，或者说这种鱼可能会让喜欢它的人变得古里古怪。几年前，一位德国伯爵的女儿给弗里克寄来了一篇字迹漂亮的手稿，篇幅堪比一本厚书，她在当中高度赞扬了自己有关银制空棘鱼制作过程和原因的理论。她解释，这些知识是她从自由飘浮的电磁射线中学到的。东伦敦的出租车司机哈拉尔德（Harrald）则终其一生都在告诉人们，1938年12月22日，他差点拒绝把拉蒂迈及其助手伊诺克还有"那条臭鱼"从码头带回博物馆的故事。然而，他可能忘记了，那个时候他还太年轻，根本就没拿到驾照。开出租车的其实是他叔叔——在1969年就已经去世了。

即便是在仅发现了化石空棘鱼的时候，这类生物就已经令人激动不已，而且它的吸引力似乎从来就没有停止过。印尼空棘鱼广为人知后不过数月，无数科学和摄影探险计划筹备起来。1999年底，埃德曼加入弗里克的团队，乘坐他的"杰戈号"潜水器进行考察，试图寻找和拍摄生活在印尼自然环境中的空棘鱼。经过数周的搜寻，他们仍一无所获。就在他们准备收拾行李打包回家时，在马纳多图阿岛西南360公里的地方，他们发现了两条活着的空棘鱼。

弗里克回忆道："在这片流速很快、水质浑浊的海域寻找空棘鱼几乎是一项不可能完成的任务。有时候还需要冒一点险，但这是值得的。我们在深海中看到了这种令人赞叹的生物，还拍下了视频。""这是一次奇妙的经历，"埃德曼说，"我打赌要是史密斯看到这一幕，一定会欣喜若狂。"

然而，弗里克并不完全肯定苏拉威西岛就是空棘鱼的栖息地。他在 2000 年 1 月 6 日发表在《自然》杂志的文章中写道："我们不能排除另一种可能，即北苏拉威西岛的空棘鱼其实来自其他地区，它只是随洋流漂到了这里。"

> 这里最大的洋流……是向南的棉兰老流，说明其种群可能来自南菲律宾或者遥远的太平洋岛屿……空棘鱼新种群的生物地理学还未搞清楚，不过这可能是件好事。一个未被人类发现的家园是对这些濒危鱼类最好的保护。

遗憾的是，这个希望非常渺茫。只要一有空棘鱼的踪迹，探险者们就会蜂拥而至。毫无疑问，未来将会有更多的空棘鱼在印度尼西亚被发现，留下更多的照片和影像。随着时间推移，海洋之王在马纳多图阿岛暗礁里生活的隐秘世界也将展现给世人。这些保存完好的印尼空棘鱼也将与它们的科摩罗表亲一起在全世界博物馆里展览。运气好的话，大部分空棘鱼仍然可以继续躲开人类的渔网和鱼线。"事实上，在这样一个被鱼类学家研究得如此彻底的海域，过去 100 多年都从未发现过活着的空棘鱼，这实在是太绝妙了，"埃德曼满腔热情地说道，"这是一个激动人心的警示，提醒我们要保持谦卑，因为人类从来就没有征服过海洋。这也带给我们很多希望，'老四足鱼'的数量比我们最初设想的更多，适应能力也更强。"但是，正如 60 多年前第一次让这种美丽生物为世人所知的拉蒂迈小姐所说："也许，现在是时候让空棘鱼静一静了。"

在空棘鱼的漫长历史画卷中，人类的崛起不过是最近的一抹浓墨。我们标榜的重大事件——无论是学会制造石器，还是在月球漫步——在那些默默存在于深海中的生物看来，不过是微不足道的一瞬。我们习以为常地将这片海洋称为"我们的"，然而真正属于这里、生活在这里的是它们。让我们闭眼想象，空棘鱼在海底静谧的世界里游弋，无视周遭的喧嚣，悠然自得地生活，这般场景何其欣慰。它们承受了比我们所知还要惨烈的灾难，却依然生存下来，在四亿年的风雨洗礼后，仍在深海中自由地遨游。

拉蒂迈鱼档案

鱼鳍和鳞片

拉蒂迈鱼的外观颇为奇特，仿佛是现代、古老与独特元素的混合体，更像一种海洋怪兽而非鱼类。正如1938年在南非海岸捕获它的一位水手所说："它看起来像一只巨大的海蜥蜴。"其蓝灰色带白斑的外表，圆形的硬鳞，以及鳞片上触感粗糙的小齿状结构，都进一步强化了这一形象。拉蒂迈鱼最独特的特征可能是它的鱼鳍——成对的胸鳍和腹鳍，里面的内骨骼可以与蜥蜴的腿骨相对应，也和我们的四肢相似。这些鱼鳍连接在肉质的肢状基部上，后背鳍和臀鳍也是如此。拉蒂迈鱼的前背鳍细致且呈扇状，与大多数鱼类相似。而它的尾部却截然不同：分为三部分，菱形的主干被小型的上尾叶穿过，被拉蒂迈小姐形象地描述为"小狗尾巴"。

汉斯·弗里克的影片展示了拉蒂迈鱼的游动方式：它通常随水流缓慢漂移，利用灵活的胸鳍和腹鳍控制方向。它的胸鳍能旋转180度。鱼鳍以对角线方式协同运动，类似小跑时的马或蜥蜴的步态。受到惊吓时，它依靠尾鳍和身体扭转迅速前进。它还能仰泳和头立式游动。

寻找我们的鱼类祖先：四亿年前的演化之谜

头　部

　　拉蒂迈鱼的脑部极小，位于颅间关节的后方。颅间关节是一个与捕食相关的微动关节，仅在肉鳍鱼类化石中发现，被认为是肉鳍鱼类的独有特征，在四足动物和肺鱼中分别丢失。借助颅间关节，这些现代空棘鱼捕食时能够通过突然打开整个头部来增加其张口幅度，从而获得更大的咬合力，以弥补其牙齿相对较小这一不足。

吻部器官

　　拉蒂迈鱼的吻部器官是一个大的、充满凝胶状物质的六角形腔室，在头上吻部区域共有六个开口。吻部器官是空棘鱼类的独有特征，在最古老的空棘鱼云南孔骨鱼就已经出现。它被认为是一种电感受器。空棘鱼可能通过感知微弱电脉冲在黑暗中发现天敌捕食者或猎物。在实验中，弗里克用他的潜水器发出一个简单的电脉冲信号。他观察到拉蒂迈鱼会通过倒立让吻部更接近电源。这表明空棘鱼的吻部器官可能与电感受功能有关，有助于捕食和避免被捕食。

鱼　鳔

　　拉蒂迈鱼的鱼鳔是一个瘦长的、充满油的细管，位于脊索下方的脂肪内，开口位于肠道的背侧。与大多数鱼类充满空气的气囊不同。虽然它不能像肺一样工作，但它同样有助于增加浮力。过去认为空棘鱼被捕获后很快死亡的原因之一是压力减小。然而，研究发现在空棘鱼中不会发生这种情形，因为它们体内没有空气或气体，而油在压力变化时体积和密度变化不大。

性别差异与生长

拉蒂迈鱼的雄性和雌性之间没有明显的外部差异，尽管成年雌性通常会更大。迄今为止的记录中，没有长度超过 1.65 米的雄性。最长的空棘鱼记录长度为 1.8 米，重达 95 千克。在莫桑比克捕获的一只雌性空棘鱼，体内有 26 条几乎长成的幼鱼，重达 98 千克，身长 1.78 米，仅比最长记录稍短。空棘鱼的寿命被认为长达 40 年，其生长速率只能估算：据迈克·布鲁顿估计，大约为每年 6.5 厘米，后期生长减缓，直到 20 年后达到约 170 厘米的长度。目前记录中最小的一条幼鱼是 1974 年在艾科尼捕获的雌鱼，重量不到 1 千克，身长 42.5 厘米。尽管在科摩罗海域曾捕获过几条幼鱼，但从未在水下观察到。弗里克认为它们可能生活在深度超过 400 米（他的潜水器阈值）的水域。

食　性

拉蒂迈鱼以鱿鱼、灯笼鱼等为食。它们白天躲藏在岩洞中，夜

　　　　　寻找我们的鱼类祖先：四亿年前的演化之谜

间捕猎，新陈代谢极慢，通过缓慢游动来节省能量，并能长时间不进食。它们很少在满月时被捕获，而且似乎在完全黑暗的夜晚最为常见，可能是因为这样的环境更有利于保护对光敏感的眼睛。

繁　殖

关于拉蒂迈鱼（空棘鱼）的繁殖方式和地点等问题，历来争议不断。现已确知，空棘鱼属于卵胎生动物——在体内受精（具体受精方式尚不明，因雄性无明显交配器官），并产生活体幼鱼。研究表明，空棘鱼通常只有一个有效卵巢（右侧），最多可孵化26个直径9厘米、重320克的巨大的软壳卵。孵化期间，胎鱼以卵黄为营养，孵化时长未知。幼鱼出生时，大部分卵黄被消耗，形似成年鱼的缩小版，长约32厘米。

由于空棘鱼繁殖等相关知识的空白，科学家难以准确预测人类捕捞对其种群及未来生存的影响。关于捕捞空棘鱼的争论将持续，支持者强调深入研究的重要性，反对者主张不干扰鱼类生存。

延伸阅读

专 著

Anthony, Jean: *Opération Coelacanthe* (Arthaud, 1976)
Barnett, Peter: *Sea Safari with Professor Smith* (South African Association for Marine Biological Research)
Broad, William: *The Universe Below* (Simon & Schuster, 1997)
Forey, Peter: *History of the Coelacanth Fishes* (Chapman & Hall, 1998)
Forte, Richard: *Life: An Unauthorised Biography* (Harper Collins, 1997)
Ley, Willy: *Exotic Zoology* (Viking Press, 1959)
Long, John A.: *The Rise of Fishes—500 Million Years of Evolution* (University of New South Wales Press, 1995)
Millot, Jacques: *Le Troisieme Coelacanthe* (Le Naturaliste Malgache, 1955)
Millot, Jacques and Anthony, Jean: *L'anatomie de Latimeria chalumnae* (Centre Nationale de Recherches Scientifiques, 1960–1978)
Smith, J. L. B.: *Sea Fishes of Southern Africa* (Central News Agency, 1949)
　　Old Fourlegs: The Story of the Coelacanth (Longman, Green, 1956)
Thomson, Keith: *Firing Fossil* (Norton, 1991)
Ward, Peter Douglas: *On Methuselah's Trail* (W. H. Freeman, 1991)

小册子

J. L. B. Smith: His Life, Work, Bibliography and List of New Species (M. M. Smith, Rhodes University, 1969)
The Life and Work of Margaret M. Smith (J. L. B. Smith Institute of Ichthyology, undated)

Ichthos: Tribute to Margaret Smith (J. L. B. Smith Institute of Ichthyology, 1987)
Ichthos: The Coelacanth Jubilee (J. L. B. Smith Institute of Ichthyology, 1988)
Ichthos: J. L. B. Smith Commemorative Edition (J. L. B. Smith Institute of Ichthyology, 1997)

文 章

Balon, E.; Bruton, M. and Fricke, H.: 'A fiftieth anniversary reflection of the living coelacanth' (*Environmental Biology of Fishes*, 1988)

Bergh, W.; Smith, W.; Botha, W. and Laing, M.: 'The place of Natal Command in the history of world science' (*Spectrum*, 1992)

Bruton, M.: 'The living coelacanth fifty years later' (*Transactions of the Royal Society of South Africa*, 1989)

'The coelacanth—can we save it from extinction?' (*World Wildlife Fund Reports*, 1989)

'The mingled destinies of coelacanths and men' (*Ichthos*, 1992)

Bruton, M.; Cabral, Q. and Fricke, H.: 'First capture of a coelacanth off Mozambique' (*South African Journal of Science*, 1992)

Conant, E. B.: 'An historical overview of the literature of Dipnoi' (*Journal of Morphology*, 1986)

Courtenay-Latimer, E.: 'Diaries' (unpublished, courtesy of Dr M. Courtenay-Latimer)

Courtenay-Latimer, M.: 'My story of the first coelacanth' (*Occidental Papers of the California Academy of Science*, 1979)

'Reminiscences of the discovery of the coelacanth' (*Cryptozoology*, 1989)

De Sylva, D.: 'Mystery of the silver coelacanth' (*Sea Frontiers*, 1966)

Dugan, J.: 'The fish' (*Colliers*, 1955)

Erdmann, M.; Caldwell, R. and Moosa, K.: 'An Indonesian "King of the sea"' (*Nature*, 1998)

Forey, P.: 'Golden jubilee for the coelacanth' (*Nature*, 1988)

'Blood lines of the coelacanth' (*Nature*, 1991)

Fricke, H.: 'The fish that time forgot' (*National Geographic*, 1988)

'Im Reich der lebenden Fossilien' (*Geo*, 1987)

'Living coelacanth: values, eco-ethics and human responsi-bility' (*Marine Ecology Progress Series*, 1997)

Fricke, H. and Hissmann, K.: 'Natural habitat of the coelacanth' (*Nature*, 1990)

Fricke, H. and Plante, R.: 'Habitat requirements of the living coelacanth'

(*Naturwissenschaften*, 1988)

Greenwood, P. H.: 'Fifty years a "living fossil"' (*Biologist*, 1989)

'Latimeria chalumnae-the living coelacanth' (*Ichthos*, 1993)

Hall, M.: 'The survivor' (*Harvard Magazine*, 1989)

Heemstra, P. and Compagno, L.: 'Uterine cannibalism and placental viviparity in the coelacanth? A skeptical view' (*South African Journal of Science*, 1989)

Heemstra, P., Freeman, A., Yan Wong, H., Hensley, D. and Rabesabdratana, H.: 'First authentic capture of a coelacanth off Madagascar' (*South African Journal of Science*, 1996)

Hissmann, K.; Fricke, H. and Schauer, J. 'Population monitoring of the coelacanth' (*Conservation Biology*, 1998)

Hissmann, K. and Schauer, J.: 'Fossil hunt' (*Diver*, 1991)

Millot,J.: 'Notre Coelacanthe' (*Revue Madagascar*, 1953)

'First observations on a living coelacanth' (*Nature*, 1955)

Morris, E. and A.: 'In pursuit of the coelacanth' (*Pacific Discovery*, 1973)

Munnion, C.: 'Remembering old fourlegs' (*Optima*, 1988)

Plante, R.; Fricke, H. and Hissmann, K.: 'Coelacanth population, conservation and fishery activity at Grande Comore' (*Marine Ecology Progress Series*, 1998)

Schauer, J.: 'The privacy of a living fossil' (*Underwater*, 1992)

Smith, J. L. B.: 'A living fish of the Mesozoic type' (*Nature*, 1939)

'A surviving fish of the order Actinistia' (*Transactions of the Royal Society of South Africa*, 1939)

'A living coelacanth fish from South Africa' (*Transactions of the Royal Society of South Africa*, 1940)

'The second coelacanth' (*Nature*, 1953)

Smith, M.: 'The search for the world's oldest fish' (*Oceans*, 1970)

Stobbs, R.: 'The coelacanth enigma' (*The Phoenix*, 1989)

'The Comoro Islands' traditional artisanal fishery' (*Ichthos*, 1990)

'Hiriako-The broken thread' (*Ichthos*, 1996)

'Eric Ernest Hunt-the aquarist' (*Ichthos*, 1996)

'Gone Fishin'-for a purgative' (*Ichthos*, 1998)

Vicente, N.: 'Un coelacanth a Madagascar' (*Oceanorama*, 1997)

White, E. I.: 'One of the most amazing events in the realm of natural history in the twentieth century' (*London Illustrated News*, 1939)

致谢

1992 年，我在科摩罗首都莫罗尼的一个小博物馆里第一次见到了空棘鱼。在此之前，"空棘鱼"这个词对我来说并没有多大的意义，似乎只是出现在很久之前的科学课上勉强有印象的一个词。而在过去几年，我一直沉浸在研究空棘鱼的奇妙世界里，在全球空棘鱼专家和爱好者的慷慨帮助和耐心支持下，这书得以完成。

在这里我想对一些人表示感谢，没有他们我不可能完成这本书。罗宾·斯托布斯，最近就职于格雷厄姆斯敦史密斯鱼类研究所，他无私地向我展示了他的研究成果，他的知识储备令人惊叹。在整个撰写过程中，他持续为我提供指导与支持，我同这位挚友至今一直保持着密切的邮件往来。在此我要向他致以最由衷的感谢。我曾多次探访玛乔丽·考特尼－拉蒂迈，她不厌其烦地回答了我许多问题。如果没有她，空棘鱼可能仍然不为世人所知，我自然也不可能写出这本书。她是一个真正特别的人，不断地激励和鼓舞着我们所有人。汉斯·弗里克是一位非凡的探险家，他比任何人都更了解现生的空棘鱼。他慷慨地邀请我去德国参观他的"大地号"潜水器，并向我讲述他精彩的海底航行，同时也纠正了我的一些科学误区。dinofish.com 网站的创建者杰尔姆·哈姆林是空棘鱼的忠实信徒，他长期致力于拯救空棘鱼的工作，在工作之余也给我提供了大量帮助，感谢他。在没有任何提前沟通的情况下，我贸然造访了马克·埃德曼和阿纳兹·梅塔，在他们隔壁住了九个星期，和他们一起坐船、吃饭、探险。在这八个月里，虽然印尼空棘鱼的发现仍未正式对外发布，但他们给予我充足的信任并让我参与其中，也正是因为这段经历，让这本书有了一个圆满的结局，在此我对马克·埃德曼和阿纳兹·梅塔以及他们的团队成员达英·赛义德、坦特·伊塔和梅利（Meli）表示感谢。

　　我的整个调研过程历时一年，其间获得了来自四大洲无数人的帮助。感谢美国的罗伊·考德威尔和基南·斯马特（Keenan Smart）向我分享了印尼空棘鱼的相关消息，感谢苏珊·朱伊特；感谢加拿大的尤金·巴隆；在英格兰，感谢安东尼·加德纳（Anthony Gardner）对我写作思路的引导，感谢亨利·范·莫兰（Henry van Moyland）对书名提供的灵感，感谢英国自然历史博物馆的彼得·福雷（Peter Forey），感谢昆廷·凯恩斯，他在1952年第二条空棘鱼被发现后不久便造访了科摩罗，并和我分享了他的宝贵成果；感谢德国的卡伦·希斯曼和于尔根·绍尔；感谢南非的琼·波特、菲尔·海姆斯特拉、保罗·斯凯尔顿（Paul Skelton）和史密斯研究所的全体工作人员，感谢鲍勃·史密斯和格尔德·史密斯，感谢威廉·史密斯与我分享了他对自己了不起的、超乎寻常的父母的回忆，并慷慨地允许我引用他父亲的书《老四足鱼》里的句子，感谢菲利普·托拜厄斯、东伦敦博物馆的吉尔·弗农

（Gill Vernon）和迈克·布鲁顿。感谢科摩罗的许多新老朋友给我们提供的巨大帮助，包括帕帕·克劳德（Papa Claude）、克里斯蒂安·安托万（Christian Antoine）以及加拉瓦独木舟海滩酒店的工作人员，当我们险些被驱逐出境时，是他们把我们从困境中解救出来；感谢阿里·塔希尔（Ali Toihir）、穆扎瓦尔·阿卜杜拉（Mouzaoir Abdallah）、马哈茂德·阿布德（Mahmoud Aboud）以及科摩罗国家科学研究和文献中心（CNDRS）的工作人员。特别感谢赛义德·艾哈迈达（Said Ahamada）孜孜不倦地为科摩罗空棘鱼研究所做的工作，同时感谢他的家人对我的热烈欢迎，并让我有机会一睹夜间捕鱼者的世界；感谢所有科摩罗渔民耐心幽默地解答了我的许多问题。感谢印度尼西亚最友善的东道主奥姆·拉梅·索纳森（Om Lameh Sonathon）和他的家人们，感谢马克森·哈尼科（Maxon Haniko）和他的渔民团队，感谢迈克尔（Michael）、科里（Corrie）。

感谢我的经纪人和朋友吉伦·艾特肯（Gillon Aitken）和艾玛·帕里（Emma Parry）；感谢我的编辑弗吉尼亚·博纳姆·卡特（Virginia Bonham Carter）的长期陪伴；感谢詹姆斯·凯洛（James Kellow）和英国第四阶级（Fourth Estate）出版公司的其他工作人员。感谢我的美国编辑，哈珀·柯林斯公司的拉里·阿什米德（Larry Ashmead）和乔·沃亚克（Joe Wojak）提供的宝贵意见。感谢一直支持我的家人和朋友们，我的父亲和我的妹妹乔安娜（Joanna）对我来说是最好的评论家，感谢我的妹妹凯特（Kate），表亲丹（Dan）和安妮·西蒙（Anne Simon），以及我的祖母莉莉安·勒罗伊特（Lilian Le Roith），我们在南非的三个月期间借用了她的车子和房子，她是我最忠实的支持者。最重要的，我要感谢马克·弗莱彻（Mark Fletcher）并将这本书献给他，他是最佳旅伴、出色的编辑和一个好丈夫。

图书在版编目（CIP）数据

寻找我们的鱼类祖先：四亿年前的演化之谜 /（英）萨曼莎·温伯格著；卢静译．—北京：商务印书馆，2023
（自然文库）

ISBN 978-7-100-22847-3

Ⅰ．①寻…　Ⅱ．①萨…　②卢…　Ⅲ．①鱼类—进化　Ⅳ．① Q959.4

中国国家版本馆 CIP 数据核字（2023）第 164693 号

本书地图系原书插附地图

自然文库

寻找我们的鱼类祖先：四亿年前的演化之谜

〔英〕萨曼莎·温伯格　著

卢静　译

商　务　印　书　馆　出　版
（北京王府井大街36号　邮政编码100710）
商　务　印　书　馆　发　行
北京中科印刷有限公司印刷
ISBN 978 - 7 - 100 - 22847 - 3
审图号：GS（2023）2891号

2023年10月第1版　　开本880×1230　1/32
2023年10月北京第1次印刷　　印张7¼　插页4

定价：58.00元